汉译世界学术名著丛书

自然哲学概论

〔德〕F. W. 奥斯特瓦尔德 著

李醒民 译

商务印书馆

2019年·北京

Friedrich Wilhelm Ostwald

NATURAL PHILOSOPHY

根据亨利·霍尔特出版公司1910年英译本译出

汉译世界学术名著丛书
出 版 说 明

我馆历来重视移译世界各国学术名著。从20世纪50年代起，更致力于翻译出版马克思主义诞生以前的古典学术著作，同时适当介绍当代具有定评的各派代表作品。我们确信只有用人类创造的全部知识财富来丰富自己的头脑，才能够建成现代化的社会主义社会。这些书籍所蕴藏的思想财富和学术价值，为学人所熟知，毋需赘述。这些译本过去以单行本印行，难见系统，汇编为丛书，才能相得益彰，蔚为大观，既便于研读查考，又利于文化积累。为此，我们从1981年着手分辑刊行，至2012年年初已先后分十三辑印行名著550种。现继续编印第十四辑。到2012年年底出版至600种。今后在积累单本著作的基础上仍将陆续以名著版印行。希望海内外读书界、著译界给我们批评、建议，帮助我们把这套丛书出得更好。

商务印书馆编辑部

2012年10月

中译者前言

弗里德里希·威廉·奥斯特瓦尔德(Friedrich Wilhelm Ostwald,1853—1932)[1]是十九世纪末和二十世纪初著名的哲人科学家。他于一八五三年九月二日生于拉脱维亚的里加(Rigo),其双亲是德国移民的后裔。他在少年时代兴趣十分广泛,曾迷恋文学和科学书籍、采集动植物标本、制作烟花焰火、动手装配相机和冲洗照片、爱好绘画和音乐。在立志成为一位纯粹化学家后,他考取了多帕特(Dorpat)[2]大学。在大学期间(1872—1875),他经常参加各种社交活动,即兴讨论诗歌、音乐、艺术通论、世界观、哲学、自然科学、社会与人生等问题。他还与志同道合者组织了一个室内乐队,他拉中提琴,吹巴松管,演奏莫扎特、贝多芬等名家的曲谱。他的风景画也大有长进,常与同窗好友到乡间漫游和写生。

大学毕业时,奥斯特瓦尔德以"论水在化学上的质量作用"赢得候补学位考试,它预示着这位二十出头的青年人正在步入科学家的行列。一八七六年底,他以"关于亲和力的化学研究"获得硕

---

① 关于奥斯特瓦尔德的生平、贡献和思想,有兴趣的读者可参见李醒民:《奥斯特瓦尔德:科学家、思想家、实践家》,《自然辩证法通讯》,第十卷(一九八八),第三期,第57—70页;李醒民:《理性的光华》,福建教育出版社,一九九三年第一版(台北业强出版社一九九六年重印该书。)

② 多帕特现称塔尔图(Tartu),是爱沙尼亚一城市。

士学位，两年后又以“体积化学和光化学研究”一举获得博士学位。此后，他在多帕特大学给导师做助手，并在当地实科中学(Realgymnasium)教数学和科学课程。一八八二年初，奥斯特瓦尔德赴里加工学院就任教授职位，时年二十九岁。里加时期(1882—1887)是他精力充沛、节奏紧张的研究时期，丰硕的成果使他成为国际知名的化学家。一八八七年九月，他赢得德国莱比锡大学物理化学教授职位，这个时期(1887—1906)是他学术生涯的黄金时代，由于其间“在催化作用与化学平衡和反应方面的工作，以及由氨制硝酸的方法”，从而使他在一九〇九年荣获诺贝尔化学奖。进入二十世纪，奥斯特瓦尔德的兴趣转移到哲学和其他更大范围的社会和文化问题。为了从事自己感兴趣的工作，一心一意研究和写作，他毅然决然地向校方提出辞呈(其实早在一八九四年，他就希望摆脱像院长、系主任一类的行政职务)，于一九〇六年夏天提前退休，时年五十三岁。他回到萨克森州一个名叫格罗斯博滕村(Grossbothen)的乡间宅第(他在一九〇一年九月写给马赫的信中把这所房舍命名为“能量”)，致力于颜色学研究，撰写连篇累牍的文稿，编辑多种杂志，从事各种社会活动。他作为一名“自由长矛骑兵”，作为一位“实践的理想主义者”，在这里度过了一生的剩余时光，直至一九三二年四月四日一个星光闪烁的春夜在莱比锡溘然长逝。

作为科学家，奥斯特瓦尔德是物理化学的奠基者和创建者，在化学亲合力、催化作用、电化学、氨制硝酸等领域都有卓著的贡献和建树。他还是二十世纪起主导作用的颜色学研究者之一，制定颜色标准，提出定量的颜色理论，引入纯色、非纯色、全纯色、半色等新概念，探讨了颜色的和谐。他也是能量学(Energetik，energetics)的创始人之一和集大成者。

奥斯特瓦尔德绝不是视野狭小的专门家，他是一位眼光明睿的思想家和伟大的科学人文主义者。他就科学哲学、科学方法论、科学史、科学天才、科学组织、一般文化问题、能源、公共教育、伦理道德、人道主义、战争与和平、国际主义、世界语(他创造了伊多语)等问题，提出了一系列诱人的见解和行动方案。他勤于笔耕，论著颇丰，一生共撰写了四十五本书、五百篇科学论文、五千篇评论文章，主编《物理化学杂志》、《自然哲学年鉴》等六种杂志。他还是一位战斗的无神论者，反教权主义的不屈战士，具有强烈使命感和责任感的社会活动家。难怪人们惊讶地称誉他为"高级万能博士"和"天才综合体"，并把他与文艺复兴时期多才多艺的巨人列奥纳多·达·芬奇相提并论。难怪唐南在一九三三年的纪念演讲中对他做了如下评价："在他的一生中，新思想没有一刻不在他的头脑里喷涌，他流利的笔锋没有一刻不把他洞见到的真理传播到光亮未及之处。他的一生是丰富的、充实的、成功的，他尽可能最大限度地使用了他的旺盛的 energy(精力、能量)。"[1]

在这里，我想特别介绍一下奥斯特瓦尔德的科学史、哲学和文化著作。

奥斯特瓦尔德是一位杰出的科学史家，他具有自觉的历史意识和敏锐的历史感，也深知科学史的教育价值和文化意义。在他

① F. G. Donna，"Ostwald Memorical Lecture"，*Journal of the Chemical Society*，1933，pp. 316—322.

诸多科学论著的前言或后语中,都有详尽的历史资料和精辟的历史分析。他的科学史论著颇多,其中两部大部头的科学史著作值得在此一提。其一《电化学:它的历史和学说》(1896)是一本长达一千一百页的巨著。它充分地显示了作者对电化学及其相关领域的科学文献具有完善的统摄能力,书中还穿插着所涉及的先驱者的个人特点和当地风情的生动描写。其二是三卷本《生命线·自传》(1926—1927),洋洋洒洒一千二百页,是一部伟大的文化史著作。在该书中,作者以敏锐的眼力、温暖的心扉、明快的格调,展示了跨越一个世纪的西方文明国家的精神史,描绘了他所处时代世界第一流科学家、思想家、政治家的言行和风貌。尤其是,他主编并参与注释了《奥斯特瓦尔德精密科学的经典作家》丛书,这是一项纪念碑式的宏伟事业。该丛书从亥姆霍兹一八四七年面世的《论力的守恒》作为首卷开始,到一九三八年出版了二百四十三卷,到一九七七年达到二百五十六卷。它使科学史上最重要的名著流传下来,对于文化积累和科学史研究具有不可估量的意义。此外,在弥留之际,他还完成了最后一部著作《歌德·先知》——他也许感到他的生涯与他心目中的英雄歌德的生涯有某种类似性。

奥斯特瓦尔德有代表性的科学哲学、自然哲学和一般文化问题的著作有《自然哲学讲演录》(一九〇二年)、《一般内容的文章和讲演》(一九〇四年)、《自然哲学概论》(一九〇八年)[①]、《能量》(一

① W. Ostwald, *Grundriss der Naturphilosophie*, Leipzig, 1908. 据我推测,W. Ostwald, *Natural Philosophy*, Translated by T. Seltzer, Henry Holt and Company, New York, 1910. 也许是它的英译本,作者对英译本作了特别校订。

九〇八)、《时代的挑战》(一九〇九)、《伟大的人物:关于天才的生物学研究》(一九〇九)、《能量命令》(一九一二)、《价值哲学》(一九一三)等。这些著作的论题相当广泛,充分展现了奥斯特瓦尔德博大精深的学识、思想和人生智慧。例如,在《时代的挑战》中,他把他的能量学观点与科学方法论、系统论、心理学、科学天才、文化和文明、公共科学教育、国际语联系起来。《能量命令》可以说是一个预言性的、催促人们采取国际主义与和平主义以及系统规划保护天然能源的宣言;他在其中还讨论并提及一系列的建议:化学家的国际组织、世界通用语、国际货币、印刷页的合适尺寸、普遍裁军、标志的设立、学校的改善、新型大学、德语书写、天才的发展、妇女的地位和新历法等。

奥斯特瓦尔德并非出身书香门第,其父是制桶工人,其母是面包师傅的女儿,家境比较贫寒,成才的客观条件很差。在学校,他也不是循规蹈矩的"好学生":五年制的中学他不得不读七年,三年制的大学他舒舒服服地"荒废"了头一半。但是,青少年时代强烈的好奇心和兴趣使他的天性得到充分的全面发展,博览群书和自我负责的学习(自学)增强了他独立思考、独立判断、独立行动的才干。这一切不仅造就了他作为一位研究者和组织者的素质,而且也形成了他进行科学和学术创造的知识储备和实践能力(比如设计、制造实验仪器等)。奥斯特瓦尔德成功的"秘诀"还在于,他在日后的工作中总结和运用了一套行之有效的科学方法。这就是:在研究工作中善于选择较好的角色,适时地加以变换,登上顶峰即迅速撤离;积极主动地向大自然提出疑问,疑问主要来自实验工作、理论分析、科学的历史研究和早年的记忆库;实验和概括是科学工作者的两项重要任务;注意倾听突如其来的灵感,及时捕捉“圣灵下凡”的“天才的闪光”;历史作为方法和工具具有重要的价值;较好地在对立的两极保持必要的张力。[①]

奥斯特瓦尔德的主导哲学思想是立足于科学的能量学基础之上的能量论(energetism 或 energism,也可译为唯能论)或能量一元论(energetic monism)[②]。其实,奥斯特瓦尔德刚进入科学生涯时,他像一般青年化学家一样不知不觉就接受了原子论。一八八一年,事情逐渐起变化。他发现一种催化现象很难用原子论解释,猜想这可能是能量在质上和量上转换的结果。而且,吉布斯方程大多数项表示不同形式的能量,热力学只涉及可观察的宏观量而无需不可观察的原子假设,也给他留下深刻印象。他觉得,原子、分子和离子也许只不过是先验的数学虚构,它们并没有提供物质本性的任何信息,宇宙的根本构成要素恐怕是各种各样的能量。一八八七年,他以“能量及其转化”在莱比锡大学发表就职演说,针对“必须把能量视为数学功能”的看法,强调了能量的实在性和实体性。这是他致力于能量学研究和发展能量论的信号——他试图用能量学和能量论代替原子理论(theory of atom)和原子论(atomism),但此时他还没有彻底摆脱原子论阵营。一八九〇年,他在一次顿悟中明确洞见到,能量是描述世界秩序的完整概念,是一

① 李醒民:《奥斯特瓦尔德的成才秘诀和科学方法》,《科技导报》,一九九四年第一期,第17—20页。李醒民:《理性的光华》,第135—148页。

② 李醒民:《奥斯特瓦尔德的能量学和唯能论》,《自然辩证法研究》,第五卷(一九八九年),第六期,第65—70页。李醒民:《理性的光华》,第86—132页。

切现象和存在物的实质，是最根本的实在，唯有它才能把万事万物囊括其中。他称这次顿悟为“能量学的本来诞生时间”。接着，他借助这一启迪开始冷静地、但却是急剧地清理他的思想，组织他的论著，这导致他从整体上思索实在、物质的本性以及所有相关的概念。

一八九一年，奥斯特瓦尔德开始正式研究能量学，并在一篇论文中提出这样的论点：机械论（mechanism）的理论是不完善的；除空间和时间外，只有能量在一切领域中是共同的东西，物理学的普遍定律必定是能量定律。一八九二年是奥斯特瓦尔德所谓的“能量学的发生年”。是年，他利用《普通化学教程》出第二版的机会，基于能量学对“亲和力论”部分大修大改。他在次年为新版写的序言中说：“形成本书中心点的思想是，世界上的一切现象仅仅是由处于空间和时间中的能量变化构成的，因此这三个量可以看做是最普遍的概念，一切可能计量观察的事物都能归结为这些概念。”一八九五年九月二十日，奥斯特瓦尔德在德国吕贝克第六十七届自然科学家和医生大会上，以“克服科学物质论”为题发表演讲。他在演讲中指出力学自然观或机械论是不完善的，必须给以批判，并用能量自然观取代它。他向听众表明，现在的世界观认为物质是由处于不断运动的实物粒子构成的，这是一种幻象，应该用实在是不同形式能量的相互作用的观点代替它。物质只不过是方便的术语，实在这个名称只能给予能量，物质只不过是不同能量在空间的聚集。为此，他和玻耳兹曼等人进行了旷日持久的争论，这场争论事后被赫尔姆称为“斗牛士”和“公牛”的搏斗。

在十九和二十世纪之交，由于放射性、电子等一系列的实验发现,原子、分子实在性的证据逐渐变得清楚了。尤其是,法国物理学家佩兰在一八〇八年通过藤黄树脂悬浊液的布朗运动实验,确凿无误地证明了分子的存在。就在同年,奥斯特瓦尔德公开承认以往的错误,认为原子假设是有充分科学根据的理论,有权要求自己的一席之地。这显示了他尊重事实、襟怀坦白、知错必改的科学素质和高尚人格。但是,他确认原子理论和原子论,并不等于放弃能量学和能量论,尤其是没有放弃本体论的能量论。因为佩兰实验既未动摇能量学的科学基础,更未推翻能量论的哲学信条。他锲而不舍地在既定的方向义无反顾地追求着。

在提前从莱比锡大学退休返回"能量"舍后,奥斯特瓦尔德继续潜心于能量学和唯能论的研究。一九〇八年出版的《能量》可以说是一部以严肃的探讨、缜密的分析、丰富的想象、优美的文字谱写的能量之"叙事诗"。他详尽地论述了能量的各种形式和转换,能量的科学概念和定律,能量的哲学含义以及在物理现象、生命现象、人类社会和人的精神生活应用中的普适性。他指出,在一切实在的、具体的事物中,能量是绝对不可缺少的、最本质的成分,未来的实在正是在能量中体现出来。能量在两种意义上是实在的:首先在做功这一点上是实在的,其次在可以解释事实和现象的内容这一点上是实在的。他以诗一般的语言写道:"能量在现象的急速流动中形成静止的极,同时构成使现象世界绕这个极旋转的冲动力。"他认为,各种能量之间的无限可变性表明,能量学是把可称量的(ponderable)和不可称量的物质联系起来的纽带,它完全可以替代科学物质论(scientific materialism)中的极其可疑且不确定的物质概念。在奥斯特瓦尔德看来,生命的本质特征在于不断的能量的活动，而且首先以比较集中、易于存贮和转化的化学能建设其能量本体。精神生活依赖于感觉经验，而感觉实际上是一个能量传递和转换过程，意识活动则是心理能的作用。他还讨论了人类社会的能量学，以使用能量的不同阶段解释社会形态的演进和文明的发展。在一九一二年出版的《能量命令》中，他提出用下述的“能量命令”代替康德的“绝对命令”（“要这样行动，永远使你的意志的准则能够同时成为普遍制定法律的原则”）——不要浪费你的能量，而要合理地利用能量！

对于奥斯特瓦尔德的能量学尤其是能量论，仁者见仁，智者见智。有人认为它的概念框架包含着新的自然观的萌芽，展现了新的文化前景；有人认为它宣扬“没有物质的运动”的唯心论，是一派哲学“胡说”。不管怎样，奥斯特瓦尔德的科学探索是严肃的，哲学思考也是真诚的。而且，在当时的形势下，与机械论者和“科学破产”论者鼓吹过时的和错误的流行论调相比，他毕竟是旧科学观念的叛逆者和新科学观念的探求者。他的能量学研究纲领打破了力学自然观一统天下的局面，扫除了悲观论的气氛，为新的科学发现创造了必不可少的自由气氛，促进了不同学派的智力竞赛。直至今天，他的能量论仍是一种有启发性的、可尝试的观察问题的视角。更何况，现代物理学中的质能关系式（$E=mc^2$）、粒子物理学和场论、真空理论表明，质量和能量是可转换的且在量上等价，真空是量子场的基态，量子场的涨落形成粒子，粒子和场统一于能量而非物质。更何况，当代社会的人口、资源和环境危机的突现，生态伦理观念的发展，也部分印证了能量论的先见之明和超越时代的睿智，以及其有待进一步发掘的生存智慧和文化意义。

像马赫、彭加勒、迪昂、皮尔逊[①]一样，奥斯特瓦尔德也是在上个世纪之交活跃于科学界和哲学界的批判学派[②]的代表人物。他的能量论或能量一元论是较为独特的。由于这种哲学具有鲜明的能量实在论的色彩，与马赫中性的要素一元论有明显差异，所以马赫对它并不青睐。迪昂虽然热衷研究和倡导能量学或广义热力学，但对哲学化的能量论似乎不感兴趣，因为他所持的哲学立场是理论整体、科学工具论和秩序实在论。至于彭加勒的经验约定论、关系实在论、科学理性论、数学直觉论，皮尔逊的观念论的经验论，也与奥斯特瓦尔德的能量论相去甚远。不过，奥斯特瓦尔德与上述四位代表人物都程度不等地持有批判学派的主要共性：对科学发展形势有比较清醒的看法，并致力于科学统一；坚不可摧的怀疑态度和独立性，历史批判的研究方法和写作风格；普遍赞同思维经济原理；充分肯定科学美在科学中的巨大作用；第一流的科学家，名副其实的思想家和众多领域的智力“漫游者”。

我对奥斯特瓦尔德的研究只能说是浮光掠影。由于资料搜集困难和语言障碍，不得不浅尝辄止。我很想就其人写一本有新颖材料、理论深度和思想水准的专著，但一时恐难以实现，只能留待未来条件成熟之时再圆旧梦。下面，不妨回到读者手头的这个译本上来。

---

① 我就这几个人物所写的专著《彭加勒》、《马赫》、《迪昂》、《皮尔逊》，由三民书局东大图书公司分别于一九九四年、一九九五年、一九九六年、一九九八年出版。

② 李醒民：《世纪之交物理学革命中的两个学派》，《自然辩证法通讯》，第三卷（一九八一年），第六期，第30—38页。李醒民：《论批判学派》，《社会科学战线》，一九九一年第一期，第99—107页。

《自然哲学概论》是作者相关思想简明而扼要的说明。作为一位哲人科学家，奥斯特瓦尔德开宗明义，和盘托出该书的基旨：它不打算发展或坚持一种"哲学体系"，而是运用科学方法即从经验中并针对经验选取它的问题，且努力加以解决，从而在获得关于外在世界和内心生活的综合性概念中作为第一个帮手和向导。因此，作者并没有像某些职业哲学家或思辨空想家那样，生造谁也捉摸不透的术语，编织眼花缭乱的范畴之网，热衷构造洋洋大观、包罗万象、貌似吓人的"经院哲学"。他从普遍的观点出发，立足于科学和生活，揭示和阐发自己的洞见和感悟。因此，在他的字里行间，不时迸发出令人深省的思想火花，流露出有启发性的科学智慧。读者只要浏览一下他关于重复，配位，假问题，归纳和演绎，空间和时间，概念、定律和因果性，科学的想象力和直觉，决定论和自由意志，文化和文明等议论，便不难管中窥豹，略见一斑。不过，在这里，我还是想提请读者注意作者的以下几个观点。

自然哲学的界定以及它与科学和生活的关系　自然哲学和自然科学不是两个天然相互排斥的领域，而是通向同一目标即人对自然的统治的道路，只不过前者具有更广大的研究范围和更为普适的性质。也就是说，自然哲学是自然科学的最普遍的分支。因此，自然哲学建立在极其广阔的经验基础上，它不仅没有带头远离生活，而且把目标对准形成我们生活的一部分。划界模糊和个人无力完备地把握整个科学，并不构成研究和讲授自然哲学的障碍。科学教育必须点缀自然哲学。

科学的定义和特征　基于再发生事件的细节的知识对未来事件预言，在其最普遍的涵义上被称为科学。于是，预言性便顺理成章地成为科学的一个特征。科学是人为人的目的而创造的,从而具有不可消灭的不完美的质,所以不必对科学的完美性抱任何幻想。科学不像链条,只要证明一个环节是脆弱的,它就断裂。科学像树,更像森林,发生各种变化和毁坏也未从整体上使其失去活力。科学曾经获得的真理具有永恒的生命,只要人的科学存在,它也将存在,即科学具有连续性。科学虽然不是知识的唯一源泉,但它具有可接受的真正普遍性。也就是说,在人类的整个共同财富中,科学是最普遍的,是最独立于种族、性别和年龄差异的财富。

知识中的主观成分和客观成分 由于概念的形成依赖相应于个人的记忆和经验的不同部分,因此概念总是具有依赖于个人的成分或主观成分,从而使知识带有某种主观性。不过,科学可以通过吸收尽可能完备的经验,力图补偿个人记忆的主观不足,从而填补经验中的主观间隙,接近客观性的理想。但是,我们关于世界的知识毕竟是人的知识,从而受人的生理-心理结构的制约,相对于作为一个类的人而言,其主观因素是不可避免的(尽管可把作为个人的主观因素减到最小)。但是,也不能由此否认知识尤其是科学知识中的客观特征。作者关于筛子的比喻是意味深长的(我们不妨把它命名为"奥氏之筛"),值得用心体会。

关于语言问题 语言(声音语言和书写语言)是交流的重要工具和媒介。以语言记号记载下来的知识远远超越个人的生命,甚至在长时期的沉寂后仍能恢复活力,因而获得了独立于个人的社会特征的存在(联想一下波普尔的"世界 3")。语言的本质在于概念与记号的配位,语言改革的目标在于配位的清晰性,因而普适的辅助语言是必要的。

进化认识论 不必像康德那样认为先天范畴是在我们心智的内部组织固有的。比如因果性观念，就是作为一个种族的人类在长期的进化和适应中的产物。就个人而论，它也许有先于个人经验的因素（在这种意义上可称其为先验的），但从代代遗传的角度看，用因果性整理经验则是在漫长的生存斗争中形成的。欧氏几何中的命题并非总是康德所谓的先验判断，而是按照演绎方法应用和检验的归纳推理。因此，必须认为形式科学（逻辑、数学、几何学、运动学）像物理科学和生物科学一样，也是实验的和经验的。就是演绎本身，也只是归纳过程的必要的补充，事实上是归纳过程的必然的部分。

能量论 科学物质论是未经证明的假定，科学的发展日益证明该假定更加站不住脚。机械论妄图把所有自然现象还原为力学现象。它虽然一度取得成功，但在原子假设中却导致假问题，在生命和精神现象中更遇到难以逾越的障碍——这是过分广泛、过分轻信地应用了类比推理。必须用具有普适性的能量论代替它们。能量论不仅在物理科学中是普适的，也可以有效地诠释生命和社会现象。生命的三个特征均是能量过程，有机体完全是在化学能的基础上被构造的，化学能是适合于生命的唯一能量形式。最完善的有机体是能最有效率地处置和转化对它的生命功能来说必需的能量的有机体。文明或文化进步的特征在于，改善为人的意图获取和利用自然界中的天然状态的能量的方法。屠杀和战争摧毁了自由能的量，因而离开了真正的文化价值的总和，是不折不扣的反文化行为。

作为美国哈佛大学的访问教授，奥斯特瓦尔德曾应邀在该校发表了英格索尔讲座演讲,演讲题目是"个体性和不朽"。一九〇六年二月,哈佛大学出版社出版了他的演讲稿 *Individuality and Immortality*。该演讲围绕个体性和不朽的概念和意义,就生与死、个人和集体、科学和宗教、社会责任和私人幸福、自我牺牲和人类利益、伦理学的基础和道德的形式等问题展开了论述和探讨。鉴于该讲演十分有趣且富有启发性,译者特将其译出附于书后,想必读者定会心有灵犀,陶然自得于此中之真义。

子曰:"知之者不如好之者,好之者不如乐之者。"在将近二十年的读书和治学生涯中,我也走过了从知之、好之到乐之的心路历程。人生的三大诱惑莫过于权力、金钱和虚名,所幸的是,我较早地避开了它们,因为我在"好之"和"乐之"的过程中清醒地认识到,心灵的荒芜才是生命不能承受之轻。当然,生命不能承受之重——饥寒交迫——也是严酷的,我在作为人祸产物的三年困难时期对此曾有过沦肌浃髓之痛感。但是,在正常的国度里,对具有一定谋生本领——我认为这是人人必备的最起码的本领(我会种庄稼,也曾正式干过电工和无线电修理工,现在是杂志的编辑,还是家里的业余管子工),只会画圈和指手画脚"做指示"的人没有谋生本领——的人来说,要维持温饱并不需要费太大的气力。照此看来,大多数人是有精神自由发展的空间和余地的,关键在于你追求什么:是美食华服犹无餍厌?还是心灵逍遥怡然自乐?

也许是天地造就,也许是潜移默化,也许是内心憬悟,我对形而下的物质生活总是本能地易于感到满足,而对形而上的精神追求却乐而忘返——"饭疏食,饮水,曲肱而枕之,乐亦在其中矣。"我常去书店,而对商场的金碧辉煌和商品的琳琅满目实在懒得一顾。

我驻足第一世界(客观物质世界),为的只是正常的生活和身体的健康,更多地则是神游于第二世界(主观精神世界),徜徉在第三世界(物化的精神世界即客观知识的世界)。白天,我或研读文献,或冥思玄想,或奋笔疾书。晚间,那些肤浅的电视节目很难吸引我,我信手拈来案头和书架的书籍杂志,不管古今中外,无论科学人文、时事政经、唐诗宋词、小说散文,毫无目的地一路看将过去。我觉得无功利的读书是最惬意的美事,最有趣的游戏,最高尚的享受。就这样,我的心理时间(物理时间对每一个人来说都是等同的)过得真快——这恰恰是精神充实的表现。试想一下,大量的闲暇时间想打发也打发不掉,那是多么穷极无聊,活得多么没劲啊!无须总是对黄钟毁弃、瓦釜雷鸣耿耿于怀,只要有一点啸傲世俗的狷介之气就行了。为此,我愿以陶潜的《饮酒》之五作结,与身处千年之交的志同道合者共享之、共勉之:

结庐在人境,而无车马喧。
问君何能尔?心远地自偏。
采菊东篱下,悠然见南山。
山气日夕佳,飞鸟相与还。
此中有真义,欲辩已忘言。

一九九九年三月十六日于北京中关村

〔**译者附识**〕在五四新文化运动八十周年前后,译者在研读有关文献时发现,陈独秀在《新青年》第二卷第三号(一九一六年十一月一日)曾撰文〈当代二大科学家之思想〉,较为详细地介绍了“阿斯特瓦尔特”(陈译 Ostwald)的生平、科学贡献和思想(三千七百余字)。当时奥斯特瓦尔德还健在。该文也许是中国学术界介绍奥斯特瓦尔德的第一文。

目　　次

第一编　一般知识论

第二编　逻辑、流形科学和数学

第三编　物理科学

第四编　生物科学

附录

中译者附录

作　者　序

v

对哲学的兴趣的突然兴起标志着二十世纪的开端。这尤其表现在哲学文献的巨大增长方面。目前的运动——它是值得注意的——绝不是从传统上在大学声称的学院哲学发出的复兴，而宁可说具有**自然哲学**(natural philosophy)的原初特征。它把它的起源归因于这样的事实：在最近半个世纪的专门化之后，科学的综合因素再次强有力地坚持自己的权利。必须认为，需要最终从普遍的观点考虑全部众多的分离学科，需要发现个人自己的活动和人类在其整体上的工作之间的关联，是目前的哲学运动的最丰饶的源泉，正如它在一百年前是自然哲学努力的源泉一样。

尽管旧自然哲学不久终结于思辨的无边海洋中，但是目前的运动却允诺会有持久的结果，因为它建立在极其广阔的经验基础上。无机界中的能量定律和有机界中的进化定律，为科学提供的材料的概念阐明装备了智力工具，这些工具不仅能统一目前的知识，而且也能唤起未来的知识。如果不容许认为这种统一对所有时代来说是彻底的和充分的，那么在从刚才提到的普遍观点研究我们手头现有的材料方面，留给我们的事情依然如此之多，以至在我们能够把我们的凝视转向更遥远的事物之前，必须满足系统化的需要。

vi

本书打算在获取关于外在世界和内心生活的综合性概念中作

为第一个帮手和向导。它并不打算发展或坚持一种“哲学体系”。由于作为一位教师的长期经验，作者认识到，那些宁愿走自己道路的人是最好的学生。然而，它正打算坚持某种方法，即科学的（或者，如果你乐意的话，自然科学的）方法，这种方法从经验中并针对经验选取它的问题，并且努力解决它的问题。作为结果，如果出现了不同于今日观点的几个观点，从而要求对最近将来的重要事态采取不同态度的话，那么正是这一事实提供证据，证明我们目前的自然哲学没有带头远离生活，它的目的只是在于形成我们生活的一部分，而且它有权利这样做。

引　言

1

自然科学和自然哲学不是两个天然相互排斥的领域。它们住在一起。它们是通向同一目标的两条道路。这个目标是人对自然的统治，各种自然科学通过收集自然现象之间的全部个别的实际关系，把它们并置，力图发现它们的相互依赖，在此基础上以或多或少的确定性从一个现象可以预言另一个现象，从而达到这种统治。自然哲学的相似的劳作和概括伴随着这些专门化的劳作和概括，只不过具有比较普适的性质。例如，电学作为物理学的一个分支处理电现象的相互关系以及电现象与物理学其他分支中的现象的关系，而自然哲学不仅涉及所有物理关系的相互关联问题，而且也努力把化学的、生物的、天文的现象，简而言之，把一切已知现象，包括在它的研究范围内。换句话说，**自然哲学是自然科学的最普遍的分支**。

2

在这里，通常要问两个问题。首先，显而易见，由于截然分明的划界之线在问题之外，我们怎么能够定义自然哲学和专门科学之间的边界线呢？其次，当任何一个人不可能完备地把握整个科学，从而不能得到全部知识分支之间普遍关系的鸟瞰图时，我们如何能够研究和讲授自然哲学呢？尤其是，对于起初必须学习各门科学的初学者而言，要投身以对它们的要求为先决条件的研究项目，似乎是毫无希望的。

由于对这两个疑问的讨论将提供关于正在进行的工作的出色的初步概览，因此完全有必要详细地考虑它们。首先，**缺乏完备的和精确的边界线是所有自然事物的普遍特征**，而科学是自然事物。例如，如果我们力图在物理学和化学之间进行鲜明的区分，那么我们便会遇到相同的困难。在生物学中情况也是这样，倘若我们超出怀疑的阴影力图在动物王国和植物王国之间确立分界线的话。

不管这种众所周知的不可能性，如果我们把自然事物划分为类和序绝不是看作无用的，并且不丢弃这一划分，而认为它是重要的科学工作，那么这就是这样的分类维持它的基本有用性的实际证据，即使它没有获得理想的定义。尽管具有这种不完善，分类还是达到它的目的，该目的是关于现象多样性(manifoldness)的综合观点，从而是对现象多样性的把握。例如，对于压倒多数的有机生命来说，不存在它们是动物还是植物的疑问。相似地，也能够容易地指明，大多数无机自然界的现象是物理现象还是化学现象。因此，对于所有这样的案例，现存的分类是良好的和有用的。呈现出困难的少数案例可以十分充分地就它们本身加以考虑，无论它们在什么地方发生，我们在此处仅仅需要认知它们。确实，由此可得，分类将**愈是更好地适合它的意图**，这样有疑问的案例**愈是较少频繁地**发生，我们有兴趣反复地检验现有的分类，为的是发现它们能否被更合适的分类代替。

在这些事态中，情况与当我们注视一大片水面的波浪时有许多相同之处。我们乍一瞥告诉我们，若干波浪正在那里滚动；从给我们以充分广阔视野之点来看，我们能够计数它们并测定它们的宽度。但是，在一个波浪和下一个波浪之间存在着划分的界线吗？

我们无疑看见一个波浪紧随另一个波浪，但是我们却不可能指出一个波浪的终结与下一个波浪的开始。于是，我们必须推断，指明波浪不同是多余的和难以实施的吗？绝不是。相反地，在严格科学的工作中，我们将努力寻找两个连贯的波浪之间的边界线的某[4]种合适的定义。于是，可以称它为任意的界线，它将肯定有点儿任意。但是，对于研究者来说，这无关紧要。他所关心的东西是，借助这一定义，波长是否能够毫不含糊地被决定，如果这是可能的，他将把该定义作为适合科学意图的定义加以使用，而没有从他的心智中消除下述观念：某个另外的定义也许可能提供甚至更容易的或更明显的决定。他立即会偏爱这样的定义而不是旧定义。

这样一来，我们看到，这些分类疑问不是所谓的事物的"本质"(essence)，**而仅仅从属于为了比较容易和比较成功地把握科学问题而做出的纯粹实际的安排**。这是一个极其重要的观点，与它在这里首次应用是显而易见的相比要深远得多。

至于第二个反对意见，我将承认它的有效性。但是，在这里，我们也有在所有的科学分支和形式中出现的现象。我们必须预先使我们自己熟悉它。科学是人为人的目的而创造的，因此像人类的所有成就一样，具有不可消灭的不完美的质。但是，存在成功的正在起作用的科学——借助这种科学人类的生活发生了根本的变更——这一纯粹的事实表明，**在人类知识中的不完备的质不是它[5]的有效性的障碍**。对于科学曾经完成的东西来说，总是包含着部分真理，从而包含着部分有效性。旧的光的微粒说现在在我们看来似乎如此幼稚地不完备，但是对于满意地说明反射和折射现象，它依然是恰当的，最好的望远镜正是借助它建造的。这是由于在它之中的**真实的要素**(true elements),这些要素教导我们正确地计算光线在反射和折射时的方向。其余的只不过是任意的附属品,当发现新的、矛盾的事实时,这些附属品必定坍塌。在提出该理论时,还不会考虑这些事实,因为它们还是未知的。但是,当光的微粒说被弹性以太的波动说取代时,几何光学起初依然完全没有改变,因为光线的直线理论也能够从新的波动中推导出来,尽管推导不是那么容易和顺利。当时,几何光学除了这些直线以外什么也不涉及,一点也不涉及它们的传播问题。直到最近还未变得清楚的是,这种光线的直线的概念是不完备的,尽管它的确构成通向实际现象描述的第一个进路。当开始表示大孔径的一束光线的 6 行为时,它就失败了。光线的直线的旧观念必定被具有比较多样特征的更复杂的概念即波面代替。这个概念较丰富的多样化,使描述刚才提到的光学现象的较丰富的多样成为可能。由它出发造成了十分显著的进展,因为用光学仪器,特别是用显微镜和照相物镜——为此目的需要大孔径的光线束——提出了新理论。具有小的孔径角度的天文学物镜没有经受特别重要的改进。

科学每一个领域的经验都与这个领域中的相同。科学不像链条,只要证明一个环节是脆弱的,它就断裂。科学像一棵树,或者更确切地讲,像一片森林,形形色色的变化和毁坏在其中继续着,而没有引起整体终止存在或不再有活力。各种现象之间的关系一旦变得已知,它们作为全部未来科学的不可破坏的组分继续存在。可能发生的,事实上正在十分频繁地发生,首次用来表达这些关系的形式证明是不完善的,不能把这些关系十分普遍地坚持下去。它们原来受到其他使它们变化的影响,这些影响因为是未知的,在发现和起初系统阐明这些关系时不可能考虑到这些影响。但是，7 无论科学可能经受什么改变，头一批知识的某种残余将继续存在，从来也不会丧失。在这个意义上，科学曾经获得的真理具有永恒的生命，也就是说，只要人的科学存在，它也将存在。

把这个普遍的概念应用到我们的案例，我们有如下结果。在任何给定的时期，不管以固定的形式即自然定律把各种现象的关系概述得多么深远和多么普遍，它们还将依赖于每一门专门科学所达到的阶段。不过，因为科学已经存在，它已经产生了若干这样的普遍定律，虽然这些定律以格式和表达被大量归档，而且就它们应用的限度经受了诸多矫正，但是它们不管怎样还保持了它们的本质，由于它们在具有人性的研究者的大脑中开始它们的存在。现象的关系之网不断变得更广泛、更多样，但是它的主要特点存留着。

同样的情况对于个人也为真。不管他的知识圈子多么有限，它也是这张大网的一部分，**因此它具有这样的质：只要其他部分达到个人的意识和认识，它们容易借助这种质与它结合起来**。这样进入科学王国的人获得了某些优势，这些优势可与在他的居所拥有电话的优势比较。如果他愿意的话，可以把他与其他每一个人 8 接通，虽说他将极其有限地利用他的特权，因为他将力图仅仅与和他具有私人关系的人取得联系。但是，一旦这样的关系确立起来，电话通信的可能性也就同时地和自动地确立起来。相似地，个人占用的每一点知识将证明是中心组织的规则部分，他从来也无法覆盖该组织的整个范围，虽然他可以达到每一个别部分，倘若他想认知它的话。

因此,当单纯的知识初学者在学校、或从他的双亲那里、甚或从他个人对周围环境的经验中接受最基础的教育时,他正在把握这张巨网中的一个或多个线索,并且能够沿着它摸索着前行,以便把它的日益增加的范围引入他的生活和他的活动领域。**这张网具有有价值的、甚至珍贵的、是同一的质(quality),即把人类中最伟大的和最综合的理智相互联结起来**。人一旦把握了真理,就真理的实际内容而论,他不需要重新学习,虽然他可能频繁地——尤其是在较新颖的科学中——不得不看到它们的描述和概括的形式变化着。为此理由,每一个个人从一开始就察觉这些不可改变的事实,认识到它们是不可改变的,并学会从它们的描述的可变形式中区分它们,便具有特别重要的意义。正是在这一方面,人类知识的不完备性被最清楚地揭示出来。在科学史中,形式一而再地被误认为内容,形式的必要变化——纯粹实际的问题——与内容的革命性的修正被混为一谈。

因而,一门科学的每一个描述都具有它的自然哲学部分。在教科书中,无论是初等教科书还是高等教科书,有关自然哲学的一章通常能够在书的开头、有时在末尾找到,即以“总引论”或“总概要”的形式出现。在研究者逐渐已知的科学的最新进展的专门著作中,自然哲学部分通常能在论题、原理的形式中发现,这些东西未曾讨论,甚至常常未清楚地陈述,但是在手头的案例中,所有从所给予的新事实或新思想中引出的专门结论都依赖于对它们的接受。不管在书的开头还是末尾,这些最普遍的原理并没有完全占据适合它们的位置。在教科书的引论中,如果它们实际上缺乏内容,那是因为它们打算概述的事实在描述的过程中还没有展开。

在末尾，它们来得太迟了，因为它们已经被应用在许多例子中，不过与它们的普遍性质无关。最好的方法是——而且好教师总是使用这种方法，不管是在所讲的话语中还是在所写的词语中——无论何时所给予的个别事实需要概括和为概括辩护，就让概括应运而来。 10

因此，在自然科学中的一切教育必然点缀着自然哲学，与教师是否头脑清楚相应，或是好的或是坏的自然哲学。如果我们希望得到一个复杂结构的完美概览，例如一个大城市中的混乱的街道，那么我们最好不要试图了解每一条街道，而是研究总平面图，我们从中获悉街道的比较位置。我们在研究专门科学时察看我们的总平面图，也完全是这样，即使只是为了避免迷失我们的道路，此时它也许碰巧通向迄今未知的地区。这正是本书的意图。

第　一　编

一般知识论

第一节　概念的形成

11

对于人类心智(mind)而言,因为它在每一个儿童身上是逐渐唤醒的,因此世界最初似乎是由纯粹的个别的经验构成的混沌(chaos)。它们之间的唯一关联在于,它们相互连贯地紧随。在这些乍看起来彼此不同的经验中,某些部分通过它们比较频繁地重复这一事实而逐渐凸现出来,因此获得独特的特征,即**熟悉的**特征。熟悉是由于我们回忆起先前的相似的经验;换句话说,是由于我们知觉到,在目前的经验和某些先前的经验之间存在着关系。处于整个心理生活基础的这一现象的原因,是对于所有生物来说共同的、在它们的全部功能中显示出来的质,而这种质在无机自然界却仅仅罕见地或偶然地出现。正是借助这种质,**在活着的有机体中任何过程发生得愈经常,它就愈容易重复**。在这里,还没有篇幅表明,从物种保存到最高的智力完成,生物的几乎所有特征性的质如何受到这种特殊的特质的制约。只要说说下面的情况就足够了:因为这种质,在任何给定的活着的有机体中频繁出现的所有过程,都自发地即出于生理学的理由呈现一种特征,该特征从本质上把它们与那些仅仅在孤立的例子中出现的或零星出现的过程区别开来。

12

假如活着的生物像人一样用意识和思想装备起来,那么有意识地记忆这样的经验,形成他的经验总和中的持久的或恒久的部分。每当复杂的事件——例如像我们从经验了解的季节变化——重现时,即每当这样的事件的一部分到达我们的意识时,我们就准备把经验教给的其他部分与它关联起来。这使我们有可能预见未来的事件。在这里,只能指出预见未来事件对于个体以及物种的保存和发展具有什么意义。举一个例子,正是我们的才智预言,冬天正在来到,而在冬天不可能直接获得食物,这促使我们制止一下子耗尽我们拥有的所有食物,并把它保存到需求的日子。因此,预言的才智变成经济的生活的整个结构的基础。

13

第二节 科学

基于再发生的事件的细节的知识对未来事件预言,在其最普遍的涵义上被称为**科学**。在人们清楚地认识所指示的事物之前好久,语言就变得固定了,在这里像在与此相像的大多数案例中一样,事物的名称容易联想到虚假的观念,这些观念或者出自被克服的错误,或者出自其他更为偶然的原因。于是,纯粹的**过去**事件的知识也被称为科学,而一点不考虑用它来预言未来的事件。可是,片刻的思考教导说,纯粹的关于过去的知识没有打算或不能够作为形成未来的基础,它是完全无目的的知识,必须用其他无目的的活动即所谓的**游戏**代替它。有各种各样的游戏要求极其敏锐和持之以恒,例如象棋就是如此;没有一个人有权利阻止任何个人做这样的游戏。但是,游戏者就其角色而言不必要求特别敬重他的活动。由于使用他的精力为的是个人的欢悦,而不是为了社会的效用即为了普遍的人类效用,因此他对于社会鼓励他的活动失去了每一个要求的权利,如果仅仅他个人的权利受到尊重,他必定心满意足;只要社会利益未受它损害,情况也是如此。

第三节　科学的目的

这些观点蓄意地与下述十分广泛流传的观念相对立：科学应该“为科学而科学”(for its own sake)地被培育，而不是为了它实际带来的或可以使它带来的利益而被培育。我们回答，根本不存 14 在纯粹“为科学而科学”去做的事情。一切事情毫无例外地是为人的意图而做的。这些意图从短暂的私人满足遍及到最综合的社会服务，其中包括不顾人们自身的服务。但是，在我们的所有行动中，我们从未超越人的范围。因此，如果短语“为科学而科学”意味着任何东西的话，那么它意指，应该为科学提供的直接欢悦，也就是说作为**游戏**（正像我们刚才概述了它的特征）而追求科学；在“为科学而科学”的要求中，存在着潜藏的被误解的理想主义，这种理想主义在较为仔细审查时使自己消解为它的真正对立面——科学的退化。

潜藏在被误解的短语中的真理成分在于，在文化的较高阶段，可以更充分地发现，在科学的追求中漠视**直接的**技术应用，目的仅仅是为了它的个别问题解答的最大可能的完美和深度。不管这是否是正确的程序方法，当它是如此时，它仅仅是普遍的文化状态的问题。在人类文明的早期阶段，这样的要求毫无意义，整个科学必然地和自然地局限于直接的生活。但是，人的关系变得越广泛、越复杂，预见未来事件的能力必须变得越广泛、越可靠。于是，正是做预言的科学的功能，对于迄今还未变得紧迫、但随着进一步的发 15 展可能或迟或早变得如此的问题预先准备好了答案。

在引言中描绘的科学的、也就是各种知识领域的像网一样的交织中，我们总是必须认真对待这样一个事实：我们预期我们将接着需要的什么类型的知识必定总是十分不完备的。以具有或多或少确实性的普遍概述预见未来的需要是可能的，但是却不可能为特殊的个别的案例做好准备，因为这些案例处在这样的预期的**边界线**上，有时可以变得极其重要和急迫。因此，达到**所有**可以想象的关系的尽可能**完美的**精练，正是科学最重要的功能之一，科学普遍的或**理论的**精练的基础在于这种实际的必要性。

概念的科学。在这里，直接产生一个问题：我们如何能够保证这样的完美呢？对于整个科学的这一普遍的初步的问题的回答属于整个科学的首要的或最普遍的东西之领域，对这一点的知识是为其他科学的追求而预设的。自从希腊哲学家亚里士多德(Aristotle)奠定了它的基础以来，它具有**逻辑**的名称，从词源学上讲，这个名称在该**词**中可疑地暗示了这一点，正如人们已经知道的，该词跨入缺乏观念的地方。然而，我们在这里不得不处理真正的观念的科学，相对于目的而言，语言与这门科学仅仅具有手段——而且往往是不适当的手段——的关系。我们已经看到，通过**记忆**的生理学事实，在我们的相似的即部分地相互重合的意识中如何找到经验。这些重合的部分是与我们能够做出预言有关的部分，正因为它们在每一个单个例子中重合并且只有它们重合，因此它们构成我们经验中产生结果的、从而具有意义的那一部分。

第四节　具体的和抽象的

正如已经陈述的，我们称这样的相似经验的重合部分或重复部分为**概念**。但是，在这里，我们也必须立即把注意力转向语言学的不完善，这种不完善在于下述事实：在这样的重合经验群中，我们用同一名称指示孤立的经验或特殊经验的对象，以及**所有**重合经验的总和或换句话说所有相似的经验这二者。于是，一方面**马**意指暂时形成我们经验的对象的完全确定的事物，另一方面马意指所有可能的相似对象的总和，这些对象呈现在我们先前的经验中，我们将在我们未来的经验中遇见它们。确实，具有同一名称的意识的这两类内容也被区分为**具体的**和**抽象的**；存在着一种倾向，即把"实在"(reality)仅仅赋予第一类，而其他作为"纯粹的思想中的实体(entities)"的东西被放逐到较少程度的实在中去。作为一个事实问题，差异尽管是重要的，但完全是另一种类型的差异。它是**短暂的经验**之间的差异，这与相应的**记忆**和**预期**的总和针锋相对。因此，在**实在**中的差异并不像在**现存**(presence)中的那么多。然而，我们的观察已经使唯有现存从来也不会产生知识变得显而易见。知识的必要部分是先前的相似经验的记忆。没有这样的记忆和相应的比较，我们根本不可能获得一致赞同的、因而可能被预言的事物；在我们的每一个经验面前，我们应该与无依无靠的新生婴儿站在一起。[①]

17

---

① 有时，在从熟睡中突然醒来时，人发现他自己暂时丧失了他个人的记忆贮存，无法回想起他在哪里、在什么环境中。经历过这种状况的人，永远也不能够忘记它带来的恐怖的无依无靠的感觉。

第五节 主观部分

因此，就抽象观念中的关系必须基于对我们来说是完全可理解的某种经验而言，我们将不得不辨认这些关系。由于概念的形成依赖记忆，由于这些记忆与个人相应可能涉及不同个人的相同经验的截然不同的部分，因此概念总是具有依赖于个人的成分，或18 **主观的**成分。无论如何，这并不在于个人在经验中未发现的新颖部分做了**添加**，相反地在于在经验中已发现的东西中做了不同的**选择**。如果每个个人吸收了经验的所有部分，那么个人的或主观的差异便会消失。由于科学的经验努力吸收尽可能完备的经验，它经由尽可能众多和多样的记忆的搭配，通过力图补偿个人记忆的主观不足，把目标越来越接近地对准这一理想，从而尽可能多地填充经验中的主观间隙，使它们变成无害的东西。

第六节 经验概念

那些自始至终且毫无例外地基于**被经验的**事实之上的概念，首先无条件地具有实在性。但是，我们能够容易地由不同的经验构成概念的多样任意的组合，因为我们的记忆自由地使它们供我们处置，而且我们能够由这样的组合形成新概念。当然，没有必要使我们任意的组合也应该在我们过去的或未来的经验中找到。相反地，我们与其期望在那里会有后来被经验"确认"的组合，还不如期望在那里会有在经验中找不到的许多更为任意的组合。后者是无目的的，因为它是非实在的，相反地前者具有最大的结果，因为知识的真正目的即预言基于它们之上。后者正是把概念的“实在” 19 带入坏名声的组合，而前者表明，概念的形成和相互反应实际上组成全部科学的完整内容。因此，在两类概念组合之间做出区分具有最重大的意义，这种鉴别的研究形成了全部科学的最普遍的东西的内容，我们把这一最普遍的东西的特征概括为逻辑，或更确切地讲，概括为概念的科学。

第七节　简单概念和复杂概念

正如我们看到的，概念的形成在于选择那些相互重合的、具有不同的但却相似的经验的部分，在于消除那些在类型方面不同的部分。这样的步骤的结果可以随相互有关系的经验的数目和差异而大大变化。例如，如果我们仅仅比较几个经验，而且，如果这些经验彼此十分相似，那么作为结果的概念将包含十分多的一致的部分。但是，与此同时，它们将具有不能应用于其他经验的特质，因为这些经验没有那个较狭窄的圈子的一些重合的部分。于是，比如说，被束缚于土地的庄稼人在他的整个一生关于人的工作具有的概念，就不适用于城里人的工作。与概念包含较少的不同部分成比例，概念将包含较多数目个别案例。通过系统地把这一思 20 想贯彻到底，我们便达到这样的结论：是简单的和完全没有不同部分的概念找到最广泛的应用，或者是最普遍的。

从形成概念的经验中消除非重合的部分，被称之为**抽象**。显然，抽象必须负载概念从中抽象出的、更加众多和更加多样的经验，最简单的概念是最抽象的。

通过回顾刚才详细讨论过的话题，也可以把较少抽象的观念看做是与较简单的概念有别的**较复杂的**概念。只是我们必须警惕字面诠释的错误，不要设想较少简单的概念实际上是由较简单的概念合成的。它们最初存在于起源之点，因为经验包含着所有那些被保存的部分和那些被消除的部分的整体。只是到后来，通过独特的心理操作，在我们分析了比较复杂的概念之后，也就是说在我们揭露出其中存在的比较简单的概念之后，我们才能够再次合成它；换句话说，实施它的综合。

这些关系与从化学中了解的在实物(substances)之间、即在元素和化合物之间存在的关系，具有显著的相似性。**纯粹的**实物 21 从实验的所有对象(化学有意地把它自己限制在可称量的(ponderable)物体之中)的浑沌中挑选出来——这是与概念的形成对应的操作。纯粹的实物证明或是**单质**，或是**化合物**，化合物是如此构成，以至它们每一个能够被还原为有限数目的单质。单质或**元素**仅仅在它们被撤销之前保存这种简单性的质；也就是说，直到证明它们也能够被分解为更简单的成分之前。相同的结论对于简单的概念也为真。只有到它们的复杂性质被证明时，它们才能够声称具有简单性。

由于所有这些相似性，我们必须极其谨慎，从来也不要忘记在一致旁边存在的差异。因此，我们今后将不再进一步使用化学的直喻。之所以利用它，仅仅是为了使初学者借助比较熟悉的思想和学习领域，无困难地了解完整的研究方法。然而，十分确定的是，与给定的相似性并排的，也存在着根本的差异。而且，早在化学关于元素的概念达到它目前的清晰状态之前好久，约翰·洛克

(John Locke)就详尽阐述了简单概念和复杂概念或“观念”的见解。

不过，自那时以来，关系完全被颠倒了。尽管化学元素的研究在此期间经历了巨大的发展，以至不仅受到化学家观察的所有实物的元素被发现了，而且反过来从它们的元素合成了许多化合物，但是甚至这样发展的进路在概念研究中也是不明显的。相反地，与十七世纪后半个世纪约翰·洛克造成的状况相比，整个事态大体处在同一点。这尤其是由于最有影响的哲学家的下述看法：亚里士多德的逻辑或概念科学绝对为真，也是详尽无遗的和完备的，因此留给后代人去做的至多只不过是改变一下用以描述问题的形式。确实，在较近的时期，这种观点的严重错误被明确认识到了。我们了解，亚里士多德的逻辑仅仅包容了整个领域的十分微小的部分，虽然在这个部分他显示了最伟大的天才。但是，超越这个一般的认知，却未向前迈出一大步。自洛克以来，甚至连暂定的基本概念一览表也未提出和应用。

22

因此，在下面的研究中，我们将不得不讲一下要素或复杂概念的较简单的部分，但仅仅在这些概念要素与复杂概念相比是较简单的含义上讲，而不是在最简单的或真正基本的概念已经被完成的含义上讲。必须留给以后研究的正是发现这些东西，可以预期，把直到那时认为是基本的一些概念还原为更简单的概念，将主要发生在伟大的智力进步的时代。

23

首先，**复杂概念**由经验形成，因为在经验概念中我们遇见几个概念的组成部分，这些部分能够用抽象过程相互分开，但是总是在给定的经验中一块被找到。例如，概念**马**起源于十分频繁的、相似地重复的经验。经过分析，发现它包含着为数众多的其他概念，诸如四足脊椎动物、温血的、多毛的等等。于是,马显然是一个**复杂的经验概念**。

另一方面,我们能够把我们乐意的那么多的简单概念组合起来,即使我们未发现它们在经验中被组合,因为在实在中没有什么东西阻止我们把记忆提供的所有概念统一到我们乐意的任何组合中去。以这种方式,我们获得了**复杂的任意的概念**。

现在,借助该事实甚至能够比以前更分明地定义科学的任务:**它容许构造任意的概念,这些概念在所预见的环境中变成经验的**24**概念**。这是**预言**的另一种表达,我们明确认识到预言是科学的特征。它比先前的定义变得更深刻,因为在这里给予了实现它的手段。

第八节 推论

首先,让我们考虑一下复杂的经验概念的科学含义。该含义在于这些概念使我们习惯于一个概念的相应要素的共存这一事实。因此,当我们在新的经验中遇到一些这样的要素在一起时,我们立即猜想,我们也将在同一经验中发现其他迄今还未查明的要素。这样的猜想称之为**推论**。推论由于预言所预期的经验总是超过目前的经验。因此,推论的形式是普适的科学预言形式。

推论必须至少包含两个概念:一个概念是被经验过的,另一个概念是在这个经验的基础上被预期的。每一个复杂的经验概念在它被分割为较简单的概念后,都使这样的推论成为可能。最简单的案例自然是其中仅有**两个**部分,或者只考虑两个部分的案例。

在什么范围内这样的推论是有效的，也就是说，在什么程度上经验产生在先的概念，这显然取决于对一个十分确定的基本问题的回答。如果在经验中概念两部分的结合**不变地**发生，以至除非另一部分也被经验，否则该概念的一部分从来也不会被经验，那么 25 便存在着**最大的**概率：预期的经验也将具有相同的特征，推论将证明是有效的或真实的。确实，没有办法确定两个概念重合地发生，经验迄今**毫无例外地**表明的这一点也将在未来继续如此。我们看穿未来的唯一手段在于把来自先前经验的推论应用到未来的经验，因此它绝不能宣称绝对的有效性。不过，存在着附属于这样的推论的**确定性的程度**，或者宁可说是**概率**（probability）。在只是罕见发生的经验中，概率是我们迄今仅仅经验过简单概念的确定组合，而其他组合虽然发生，但还没有进入我们的经验的有限范围之内。在这样的案例中，在极其频繁地和在形形色色的环境中发生的、我们总是在其中找到恒定的和无例外的组合的经验中，概率是十分强烈的，以至我们在未来的经验中也将发现该组合，推论的概率趋近于实际的确定性。当然，我们永远也不能完全排除迄今从来也未经验的新关系可能参加的概率，因此到目前为止总是为真的推论现在会变成假的，因为不管在单个例子中还是在所有案 26 例中，所抱有的期望是不可靠的。

由此可得，一般而言，相应的经验曾经发生和正在发生得越普遍、越经常，我们的推论将具有越大的概率。因为在其他方面不同的诸多经验中连贯地发现这样的概念，所以可称其为**普遍的**概念，因此所描绘的推论涉及的概念愈普遍，它们的概率也将愈大。在这样的程度上可以得出，我们感到某些十分普遍的推论必须自始至终地和毫无例外地为真，我们“不可思议”它们在任何环境中不能永远证明有效。然而，这样的陈述只不过隐藏地诉诸经验。仅就问题的提出而言，不管推论是否也能够为假，它表明，迄今能够设想证明是经验的东西的对立面；它的“不可思议性”的断言仅仅意指，**记忆**在心智中不能唤起这样的经验，其真正的理由在于，正如作为前提假定的，没有这样的记忆，因为该经验并不存在。但是，另一方面，不存在随意思考任何概念组合的障碍，正像每一个人知道的，我们至少在思考任何种类的无论什么“胡说”时没有困难。不可能的仅仅是从记忆复制这样的组合。

因此，科学的推论首先采取形式：若 A 存在，则 B 存在。在这里，A 和 B 代表从经验中已知的、在比较复杂的概念 C 中一起找到的两个简单的概念。词“存在”(is)在这里意指某个与概念对应的经验实在。因此，推论也可以在某种程度上更详尽和更精确地以这种形式来表达：若 A 被经验，则 B 的经验也被预期。含有对它辩护的意思的这一预期之唤起，是由于回忆起在先前经验中的两个概念的重合，概率以上面描绘的方式取决于有效案例的数目。在这里必须看到，即使我们的期望在其中落空的个别案例，多半没有导致我们认为推论普遍不真，即没有导致我们抛弃从 A 对 B 的预期。因为我们知道，我们的经验总是**不完备的**，在某些环境中我们未注意现存的因素，因此我们发现是无效的关系在另外的场合被发现是有效的，这可能归因于主观的原因。不过，在这样的失望反复发生的案例中，我们将在别处寻求这些经验要素和其他经验要素之间的关系，以便此后我们也可以预见这样的案例，并把它们包括到我们的预期中。

第九节　自然定律

刚才描绘的事实十分频繁地在**自然定律**(laws of nature)的学说中找到表达,与之相关,正像在人制定的社会的或政治的法(laws)中一样,我们常常构想立法者,立法者出于某些理由或者也许任意地规定,事实应该像它们所是的那样,而不是另外的样子。但是,自然定律起源的智力史表明,在这里该过程是大相径庭的过程。自然定律并没有颁布什么将发生,而**告诉我们,什么已经发生和什么惯于发生**。因此,正如我一而再地强调的,这些定律的知识使我们有可能在某种程度上预见未来,也有可能用某种办法决定它。我们通过建构所希望的结果借以出现的那些关系决定未来。如果我们由于不了解或由于达不到所要求的关系而无法这样做,那么我们就没有按照我们的意愿形成未来的指望。我们关于自然定律的知识,即关于事物的实际行为的知识越广泛,按照我们的意愿形成未来的可能性也就越可信、越众多。以这种方式,能够把科学设想成如何变得幸福的研究。因为其愿望得以实现的人是幸福的。

在这一概念形成中,自然定律指明,在复杂的概念中找到什么较简单的概念。复杂的概念**水**包含着较简单的概念**液体**、**某一密度**、**透明性**、**无色**[①]等等。水是液体,水具有密度一,水是透明的,水是无色的或淡蓝色的等等句子,是这么多的自然定律。 29

① 更恰当地讲,是十分淡的蓝色。

现在，那些自然定律能够使我们做什么预言呢？

它们能够使我们预言，当我们借助上面的性质辨认出给定的物体是水时，我们预期在同一物体中找到水的所有其他已知性质是有正当理由的。迄今，经验不变地确认这样的预期。

此外，我们可以期望，如果我们在给定的水的样品中发现了直到那时还是未知的关系，那么我们也将在所有其他水的样品中找到这种关系，即使并未针对这种特定的关系检验它们。显而易见，这多么巨大地促进了科学的进步。只是有必要在研究者能够达到的某一案例中决定这种新关系，以便使我们能够预言所有其他案例中的相同关系，而无需把它们交付新的检验。作为一个事实问题，这是科学追求的普遍方法。正是这一方法，使科学可以通过形形色色的研究者的劳动，做出有规律的和普遍有效的进步，要知道，这些研究者彼此独立地工作，相互之间往往并不了解。

不用说，务必不要忘记，这样的推论是与下述准则一致地得到的：**事物直到现在是如此，因此我们预期它们将在未来是如此**。因此，在每一个这样的例子中，存在着错误的可能性。至此，无论何时期望未实现，几乎总是有可能找到误差的“说明”。或者普遍概念中的特例的内含物是不能接纳的，因为它缺乏其他一些特征，或者所接受的概念的特征刻画要求改善（限制或扩大）。换句话说，在这方面或那方面，在概念和经验之间存在着不一致，作为一个准则，或迟或早我们变得有可能达到它们之间的较佳调整。

这一普遍的真理往往被诠释为意味着，这样的调整最终必定总是可以达到的，丝毫没有例外；换句话说，经验的每一部分能够绝对地被证明是受自然定律制约的。显然，这样的断言远远超出了可证明的范围。甚至下述惯常的推论在这里也不能适用:因为它在过去如此发生过,所以它在未来也将如此发生。与我们的知识使我们在其中完全失望的经验部分相比,我们能够用自然定律 31 把握的我们的经验部分是无限小。我将仅仅提一下向前只预言一天的天气的不确定性。再者,当我们考虑,直到现在只不过解决了**最容易的**问题而且自然地如此,因为它们最接近我们手头的工具,此时我们毫无困难地看见,经验没有为这样的推论提供无论什么基础。因此,我们必定不能说,因为迄今我们能够借助自然定律说明所有经验,所以它将在未来照样如此,因为我们远非能够说明所有经验。事实上,我们开始研究的,只不过是十分微小的部分。在宣称我们说明了所有提交给科学研究的有关我们经验的问题时,我们并未同样地受到辩护。我们决没有说明它们之中的一切。每一门科学,乃至数学,都充满了未被解决的问题。于是,我们必须使我们自己顺从于人类知识和能力的现状,至多可以表达一下建立在先前经验之上的**希望**:我们将能够越来越多地解决关于我们经验的不计其数的问题,而不就这项工作的完美抱任何幻想。

第十节　因果律

由于上面所描绘的心理过程的频繁性和重要性,它被提交给各种各样的研究,科学推论的这一最普遍的形式(我们在日常生活 32 中比在科学中更为频繁地使用它),在因果律的名义下被提高到先于所有经验的原理和使经验成为可能的真正条件。关于这一点几乎如此真实,以至通过人的特定生理组织,**最普遍含义上的记**

忆——正像在有机体中已经反复发生的那样，与全新的过程类型相对照，这样的过程比较容易进行——即（在恒定地改变的过程的多样性中再发生部分的）概念的形成特别被激励和被推动。经验的再发生部分以此跨入突出地位，由于它们对于生命安全的至高无上的实际意义，在进化和适应理论的意义上完全可以说，有机体、尤其是人的机体的生命的整个结构和模式，甚至也许生命本身，都稳定地与那种预见能力密切相关，从而也与因果律有关系。当然，没有什么东西妨碍把这样的关系称为**先验的**关系，如果乐于这样称呼的话。就个人而论，它无疑先于他的经验，因为他从他的双亲那里通过遗传而得到的整个组织已经在这样的影响下形成了。但是，整个**无生命**界表明，在那里能够存在**没有**这样的属性的形式或存在状态，就我们的知识而言，在整个无生命界既没有记忆的证据，也没有预见能力的证据，而在它们周围的世界的过程中仅仅有直接的被动参与的证据[①]。

33

进而，我们以特殊的样式对我们的经验做出反应，由这种样式引起因果关系的环境有时用这种方式表达：原因和结果的关系根本在自然界中不存在，而是由人引入的。在这种表达中的真理成分在于，人们不得不假定，大相径庭地组织的生物也许能够、或者也许必须按照截然不同的相互关系排列它的经验。但是，因为我们没有这样的生物的经验，所以我们没有可能形成关于它的行为的正确观点。另一方面，我们必须认清，至少在形式上也可以构想

① 不能反对，已知无生命的自然界也服从因果律。关于无生命的现象的因果模式是明显的人的模式，没有什么东西为下述断言辩护：相同的现象不能用截然不同的方式察看。

不具有重合部分的经验类型，或者构想其中根本不存在具有重合部分的经验的世界。因此，在这样的世界上，预言是不可能的。即使在被赋予记忆的生物中，这样的世界也不会以自然定律的样式唤起各种经验的概念和概括。从而，我们必须明确认识到，除了在 34 形成我们关于世界的知识中的**主观**因素外，或者除了依赖于我们的生理-心理结构的因素外，还存在着我们必须直接加以考虑的**客观**特征，或者独立于我们的特征；就自然定律而言，也包含着客观部分。为了形象而清楚地描述与我们心智的关系，我们可以把世界比作是一堆砂砾，把人比作一个比另一个粗的一对筛子。当砂砾通过双重筛子时，明显相等的大小的细砾集聚在两个筛子之间，第一个筛子排除较大的砂砾，第二个筛子容许通过较小的砂砾。断言所有的砂砾由这样的相等大小的细砾组成，恐怕是错误的。但是，断言使细砾**变成**相等的东西是筛子，同样也是虚假的。

第十一节　因果关系的纯化

如果我们借助经验找到了内容的命题，如果 A 存在，则 B 也存在，那么两个概念 A 和 B 一般地由几个元素组成，我们将把这几个元素叫做 a、a'、a''、a'''等等和 b、b'、b''、b'''等等。现在，问题出现了：所有这些元素对于上述关系来说是否都是必不可少的。事实上，完全可能，甚至极有希望，起初仅仅发现现存现象的一个特例，即发现与概念 B 相关的概念 A 包含其他的决定部分，这些部 35 分根本不需要 B 的出现。

使人们信服这一点的普遍方法在于，一个接一个地消除概念

A 的组成部分即 a、a'、a''等等，然后看一下 B 是否仍旧出现。并非总是容易实施这个消除过程的。我们进行这样的研究的才干是较大还是较小，取决于我们处理纯粹是我们的**观察**对象的、我们自己没有能力改变(例如天文现象就是这样)的事物，还是处理是我们的**实验**对象的、我们能够影响的事物。在后一种案例中，通常可以发现这个或那个因素在 B 不消失的情况下能够被消除，我们然后必须以这样的方式继续进行，以便由被以为是必要的因素形成相应的新概念 A'(这一新概念将比前者 A 更普遍)，以便用改进的形式表达给定的命题：若 A'存在，则 B 也存在。

具有这一关系的其他元的案例是完全相似的。经常发生的是，当 a 或 a''、a'''被找到时，在某种程度上不同的事物出现了，这些事物并不适合在首次构造的概念。接着，我们必须尽可能多地增加经验，以便决定在概念 B 中找到什么恒定的要素，以便从这些恒定的要素形成相应的概念 B'。于是，改进的命题内容如下：若 A'存在，则 B'也存在。

36

这一完整的过程可以称为因果关系的纯化。借助这个术语，我们表达一个普遍的事实：在最初形成的规则关联中，恰当的概念十分难得被立即引入相互的关系中。它的原因在于，我们起初使用**现存的**概念，而这些概念是为大相径庭的意图形成的。因此，如果这些旧概念应该立即证明适合于新意图的话，那么必须认为它是一次特别的好运气。而且，现存的概念作为一个准则被它们的名称——我们必须使用这些名称表达新关系——模糊地刻画出其特征，以至因此之故往往有必要从经验上决定，必须以什么方式确定地建立概念。

五花八门的科学不断地忙于进入因果关系的概念相互适应这

一工作。作为例子，我们可以举出“自我理解的”命题：与一个漠不经心的小孩把他的手指伸向蜡烛的火焰时，我们对他大喊“火烧伤！”此时，我们就使用这样的命题。我们发现，存在着自我发光的物体，这些物体不产生温度增加，从而不产生疼痛感觉。我们发现，存在着不发光、但热得足以烧伤人的手指的燃烧过程。最后，对这个命题的科学研究达到普遍的表达，即作为一个准则，化学过 37 程被热的产生伴随，此外相反地，这样的过程也被热的吸收伴随。以这种方式，当使我们向孩子大喊的因果句子服从因果关系的不断纯化时——这是科学的普遍的任务，这个句子就发展为广泛的热化学的科学了。

依然需要补充的是，在这个使概念适应的过程中，有时也必须遵循相反的路线。当注意到在暂时表达的关系中有**例外**时，情况就是这样；因此，若 A 存在则 B 也存在的命题在绝大多数例子中都是有效的，但是偶尔却不成立。这指明，在概念 A 中还缺少一个元素。不过，这个元素现存于清点的例子中，而在否定的案例中则缺席，它的缺席之所以未被注意到，是因为它并未包含在 A 中。于是，有必要寻找这个部分，并且在找到它之后必须使它在概念 A 中具体化，于是概念 A 进入新概念 A′之中。

这个案例是前一个案例的换质说明法(obverse)。在这里，比较适合的概念证明比暂时接受的概念更少普遍性，而在第一个案例中，被改进的概念更普遍。因此，我们阐明一个法则：暂时的法则的例外需要对所接受的概念加以限制，而意料之外的自由则要 38 求扩展这种概念。

第十二节 归纳

以前讨论的推论的形式——**因为它是如此，所以我期望它在未来将继续是如此**——是每一门科学经由其产生、并赢得它的实在内容即它对未来判断的价值之形式。这种形式被称为**归纳推理**，在其中以压倒优势应用它的科学被称为**归纳科学**。这些科学也被称为实验科学或经验科学。在这个命名法的基础上存在有其他科学的看法，即还有演绎科学或理性科学，在这些科学中应用相反的逻辑程序，由此从已被预先承认是有效的普遍原理出发，按照绝对确实的逻辑过程，推出同样绝对有效的推论。现在，人们正在开始认清这样的事实：演绎科学必须逐一地放弃这些要求，它们在某种程度上已经放弃了这些要求；经过比较仔细的研究，部分是因为它们证明是归纳科学，部分是因为它们必须统统走在一门科学的资格和地位前边。二者之一的后者尤其适用于在预言未来时未被使用的、或者不能被如此使用的知识的范围。

返回归纳方法吧——必须注意的是，第一个描绘它的**亚里士多德**[39]提出了两类归纳，即**完备**归纳和**不完备**归纳。第一类具有这种形式：由于某一类型的**所有**事物都是如此，每一**个别事物**是如此。而不完备归纳仅仅说：由于某一类型的**许多**事物是如此，这种类型的所有事物**可能**是如此。人们持续地察觉到，两个推论本质上是不同的。第一类拟定了提供绝对确定的结果的要求。但是，它依赖这样的假定：所讨论的类型的**所有**事物都是已知的，并就它们的行为进行了检验。这一假设一般是无法付诸实现的，因为我们从来也不能证明，除了我们已知的或被我们检验的那些事物之外，不存在更多的同一类型的事物。而且，推论是**多余的**，因为它只不过重复了我们已经直接获得的知识，由于我们检验了一个类型的**所有**事物，从而也就检验了预言涉及的特定的事物。

另一方面，**不完备**归纳断言还未被检验的某些事物，因此它作为一个条件包含我们知识的**扩展**，有时包含极其重要的扩展。的确，它必须放弃对无条件的或绝对的有效性的要求；但是，为了补偿，它获得了适宜于实际应用的不可替代的优势。事实上，与在p. 29描绘的、受经验辩护的科学实践一致，科学的归纳推论采取这一形式：因为**曾经**发现它是如此，所以它将**总是**如此。这种方法 40 对于扩大科学的意义由此而来，没有它科学便会不得不以无可比拟地缓慢的步调行进。

第十三节　演绎

除了归纳法以外，科学还有(p. 38)另外的方法，这种方法在某种意义上应该与归纳法相反，它要求提供绝对正确的结果。它被称为**演绎**法，它被描绘成从普遍有效的前提出发、借助普通有效的逻辑方法导致普遍有效的结果的方法。

实际上，不存在以这样的方式工作或能够工作的科学。首先，我们徒劳地询问，我们如何能够达到这样普遍的或绝对有效的前提，因为一切知识都具有经验起源，因此它是用作为这种起源的无法根除的证据有可能错误装备起来的。其次，我们不能看出，从手头的原理如何能够推出其内容超过这些原理(和所使用的其他工具)的内容的推论。第三，这样的结果的绝对正确性从下述事实来看是可疑的：推理过程中的大错甚至在前提和方法都绝对正确之处也不能够被排除。在实践中，实际上发生的是，在所谓的演绎科 41 学中，在同一问题的各个研究者方面，绝对无法排除怀疑和矛盾。也就是说，数世纪内进行的和迄今还未终结的讨论，超过了几何学中的欧几里得(Euclid)平行定理。

如果我们询问，在观察的意义上，我们是否恰恰了解科学原理的形成，是否果真存在任何像演绎那样的东西，我们能够发现一种程序，它与那种不可能的程序具有某种相似性，它实际上频繁地、十分有效地在科学中应用着。它在于下述事实：经由通常的不完备归纳所得到的普遍原理被**应用于特殊的例子，这些例子在原理的命题中未被考虑**，它们与普遍概念的关联并没有直接变得显而易见。通过这样把普遍原理应用到以前未被注重的案例，便得到特定的自然定律，这些定律在二者中都未预见，但是按照论题和应用的正确性的概率，它们也可能是正确的。然而，考虑到这些推理中的不确定因素的研究者感到，在每一个这样的例子中，需要用经验检验结果，在他发现在经验中**确认**(confirmation)之前，他不认为**演绎**是完备的。

因此，演绎实际上在于查找归纳确立的原理的特殊例子，在于 42 用经验确认它。这不是在广度上、而是在深度上导致科学的成长。我再次求助比较，我把科学比喻为一个十分复杂的网络。乍看起来，我们无法得到整个网状物的完备图像。于是，在自然定律的第一个命题中，对它可以应用的可能经验的整个区域的直接概览是达不到的。获悉这个区域的范围，研究定律在比较遥远的例子中采取的特殊形式，正是所有科学工作的正规的、重要的和必要的部分。现在，如果一位有才华的、有远见的研究者成功地预先陈述了归纳定律的特别普遍的阐明，那么在尝试性的应用过程中处处可以确认它，从而很容易产生这样的印象：确认是多余的，因为它仅仅导致已经被“演绎”的东西。然而，实际上，情况频频相反：原理**未**被确认，与预期的条件截然不同的条件被发现了。于是，这样的发现照例构成对上述定律的最初阐述进行重要的和意义深远的修正的起点。

正如我们看到的，演绎是归纳过程的必要的补充，事实上是归纳过程的必然的部分。自然定律的起源的历史一般如下。研究者注意到处于他的观察之下的个别例子中的某些一致。他假定这些一致是普遍的，并提出与它们对应的暂时的自然定律。接着，他继续用进一步的实验检验定律，以便查看他是否能够借助若干其他例子充分确认它。若未确认，他尝试可适用于矛盾例子的定律的其他阐述，或者除去这些例子，因为它们不是同源的。通过这样的调整过程，他最终达到具有某一有效范围的原理。他把该原理告诉其他科学家。这些科学家本身被激励检验他们已知的、能够把该原理应用于其中的其他例子。由此产生的任何怀疑或矛盾，再次驱使原理的作者实施可能变成必要的任何再调整。对普遍的归纳原理来说，足够的例子的范围取决于发现的科学想象力。它也频频依赖被授予“科学直觉”称号的有意识的心智操作。但是，只要提出了原理，即使只是在发现者的意识中提出来，工作的演绎部分便开始了，随之而来的命题的检验就对结果的价值具有最基本的影响。 43

显而易见的是，所讨论的概念越**普遍**，这个**演绎**部分具有越多的权重。此外，如果立即安排证明归纳定律具有比较高度的完美 44

性，那么我们就得到上面描绘的印象，即从前提能够演绎出不计其数的独立结果。**康德**(Kant)敏锐地注意到这一被**欧几里得**的几何学描述的卓越而广泛传播的观点的特色，他以著名的问题表达了他对它的看法：**先验判断何以是可能的**？我们看到，它并非总是**先验**判断的问题，而且也是按照演绎方法应用和检验的归纳推理的问题。

第十四节　理想案例

可以一般地认为，每一个经验都处在不可胜数的各种概念之下，而所有概念则可以通过相应的观察从经验抽象出来。因此，应该要求无数的自然定律在其所有部分预言那个经验。同样地，必须了解无数的前提——自然定律通过它们获得某种内容。这样一来，情况仿佛是，应用自然定律决定未来的单一经验总的来说是不可能的，而在某种意义上这则为真(p.30)。例如，当孩子出生时，我们完全不能预示在他一生中将发生的特定事件。除了他将生活一个时期然后死亡的陈述外，我们只能够做出用诸多“如果”和“但是”限定的最宽泛的断言。

不管这一点，如果我们按照我们就一生的众多细节——使它们建立在自然定律的基础上——做出的预言来安排我们生活和活动的绝大部分的话，那么问题就产生了：我们如何克服那个困难，或者更恰当地讲，如何克服刚刚提到的不可能性。

答案在于，我们如此反复地寻找或能够形成我们的经验，以至某些天然关系以**压倒优势**决定经验，而其他依然未被决定的部分落入背景之中。**预言将覆盖经验的如此显著的部分，致使我们能够走在以前的其余知识的前面。**我们能够充分地预示使生活的实际建构成为可能，日益增长的经验——不管是个体的私人经验还是科学的普遍经验——不断地扩大未来经验的这一可控制的部分。

科学的程序与实际生活的程序相似，尽管后者比较自由。无论何时研究者企图检验若A如此存在、则B如此存在这个形式的自然定律，他都努力以这样的方式选择或阐明经验：引入最少可能的外来要素，作为不可避免的要素应该对所讨论的关系施加最小可能的影响。他从来也没有完全成功。不过，为了就该关系在没有外来影响的情况下采取的形式得出结论，人们应用下述普遍的方法。 46

如此调整所研究的一系列例子，使得外来要素的影响变得越来越小。于是，所研究的关系趋近一个极限，该极限从来也无法达到。但是，随着外来影响变小，这一关系越来越被拉近极限。于是，可以得出结论：如果有可能完全排除外来要素，那么就能够达到关系的极限。

其中没有一个外来的经验要素起作用的案例被称为**理想案例**，从导致极限值的一系列值的推理是**外推**（extrapolation）。**这样的达到理想案例的外推**在科学中是十分自然的程序，自然定律的绝大部分，尤其是所有定量定律，诸如表达可测量值之间关系的定律，仅仅在理想案例中具有精确的有效性。

我们在这里面对一个事实：许多自然定律以及它们之中的最重要者，都被表达成和被看做是**从未在实在中发生的**条件。实际上，这种表面上荒谬的程序是最适合于科学的意图的，因为理想案

例正是以此被区分的，**即自然定律正是由于它们才呈现出最简单**
47 **的形式**。这是下述事实的结果：我们在理想案例中有意地和任意地忽略决定因素的每一复杂性，我们在描绘理想案例时描述所考虑的经验类别的最简单的可想象形式。于是，通过把理想案例描述为对经验或结果具有影响的所有要素的总和，实在的案例便由理想案例构成。正如我们能够通过十个数字描述不计其数的有限数一样，我们也能借助有限数目的自然定律描述不可胜数的复杂事件，从而达到对实在的极其有用的近似。

这样一来，几何学处理绝对直线、绝对平面和完美的球，尽管从未观察到这样的东西，而且实在的线、面和球愈近似地符合理想的要求，几何学的结果就愈接近真理。类似地，在物理学中不存在理想气体或理想镜，或者在化学中不存在理想纯物质，尽管在这些科学中所表达的简单定律仅仅对这样的物体来说是有效的。实在物体与理想物体的偏离越微小，这些科学的非理想物体——它们的实在以各种近似度呈现出来——便越接近地符合这些定律。在所谓的心理的科学即心理学和社会学中，也应用相同的方法，在这些学科中，“正常的视力”和“与外界完全隔绝的状态”是这样的理想化的极限概念的例子。

第十五节 事物的决定性

由于其错误的结果，一个十分流行的观点和十分严重的观点
48 是：**借助自然定律，事物直到最微小的细节都可以被毫不含糊地和不可变更地决定**。这就是所谓的**决定论**(determinism)，它被看做

是每一个自然科学概括的不可避免的结果。但是,实际关系的准确研究却产生了某种相当不同的东西。

自然定律的最普遍的阐述即**若 A 被经验则我们期望 B**,最初必然地仅仅涉及所经验的事物的某些**部分**。因为我们自己不断地和片面地改变这一纯粹事实,就排除了两个经验中的完全相似性。所以,不管前一个经验的重复可能多么准确,正是我们对它的参与即不得不介入的要素,促使它成为不同的。因此,我们只不过处理任何经验的**部分**重复,对应于共同部分的概念越**普遍**,这个部分在整个经验中占据的份额也越小。但是,最普遍的和最重要的自然定律适用于这样的十分普遍的观念,它们相应地仅仅决定整个结果的一小部分。其他部分被其他定律决定,但是我们从来也不能够指出被我们已知的自然定律完备地和明确地决定的经验。例如,我们知道,当我们抛石子时,它将在下落到地面时描绘一条**近似**的抛物曲线。但是,如果我们试图准确地决定它的路线,那么我们将不得不考虑空气的阻力、石子在被抛出时的转动、地球的运动和其他众多境况,精密决定这一切是超越整个科学能力的事情。只有**近似确定**石子的路线才是可能的,朝向准确性和绝对性的每一步都需要科学的进展,这些进展也许会花费数世纪才能实现。 49

因此,科学决不能决定石子在下落时将采取的精密的线性路线。它只能够确定石子的运动将依然在其中的某个比较宽泛的路径。科学在上述分支取得的进步越小,该路径也越宽泛。相同的条件遍及其他每一个基于自然定律预言的案例。自然定律只不过提供事物将在其中继续存在的某种框架。但是,在这种框架中的无限多的可能性的哪一个将变成实在,人的能力从来也无法绝对地决定。

在科学方面，广泛的抽象方法仅仅唤起是可能的信念。通过假定“非广延的质点”代替石子，不顾以某种方式（不管已知还是未知的）在石子的运动上施加影响的所有其他因素，我们能够达到问题的明显完美的解答。但是，该解答对于实在的经验不是有效的，而仅仅对理想案例是有效的，理想案例只不过与实在案例具有或多或少的深奥的相似。唯有这样的理想世界，即任意去掉它的实际复杂性的世界，才具有我们倾向归因于实在世界的绝对决定性的质。

50

我们可以表明在科学中普遍采纳的抽象方法和对刚才说明的理想案例的外推，并认为世界中事件的绝对决定性的断言是对理想案例的正当外推。换句话说，我们可以说，我们知道所有的自然定律，以及如何把它们完善地应用于个别例子。在辩驳这一点时，我们必须说的是，对这样的理想外推的进一步的辩护还是行不通的。辩护在于证明，我们愈多地实现我们的预设，实在案例就愈趋近理想案例。但是，在这种情况下，这一点是行不通的，因为对于我们的经验的较大部分而言，我们甚至不了解我们能够藉以构造这样的理想案例的近似的或理想的自然定律。例如，有机生命的整个领域目前基本上像未知的土地，其中仅仅有少数几条终结于死胡同的被广泛隔开的路径。

51

第十六节 意志自由

这个关系一方面说明，我们对于许多事物、即对于所有那些可以达到科学处理和管理的事物为什么采取广泛的决定性，另一方面说明，我们为什么意识到**自由地**作用，即意识到能够按照它们具有的与我们的希望的关系控制未来事件。从本质上讲，不存在被发现的对于基本的决定论的异议，该决定论说明，这种自由的感觉仅仅是下述说法的不同方式：**因果链条的一部分存在于我们的意识之内**，我们感觉到这些过程（在它们自身中被决定的），仿佛我们自己决定了它们的进程。我们也不能证明这一理想是假的，因为影响每一个经验的因素的数目是无限大的，它们的性质无限的复杂，以至每一个事件在极度综合的眼中看来好像被决定了。但是，对于我们的有限的心智来说，未被决定的残余必然继续存在于每一个经验中，世界在这种程度上必定总是继续存在于对人来说实际上未被决定的部分中。于是，虽然我们从来也不能辨认世界是两种观点——世界未被完全决定和它实际被决定——中的哪一个，但是这两种观点在实践中却导致相同的结果：**在我们对于世界的实际态度方面，我们能够而且必须假定，世界仅仅是部分地被决定的。**

但是，如果两条不同的思想路线在整个经验世界中处处导致相同的结果，那么它们不能在实质上，而只能在形式上或表面上是不同的。因为这些不能被区分的事物是相似的。不存在相似性的其他定义。这样一来，如果我们发现，这两种观点之间的长期争论总是重新爆发，似乎不能够达到终点的话，那么从所说过的话来看，这是容易理解的，由于针对**一个**观点能够引证的十分相同的基本论据，能够用来作为**另一个**观点的支柱，这是因为在它们的本质的结果方面二者是相同的。我讨论过这个问题，因为它在处理古老的、经常发生的和争论未决的疑问的答案时，给出了在所有科学中应用的方法的十分生动的例子。每当我们碰到这样的问题时，

52

我们必须扪心自问：如果这个或另一个观点是正确的，那么在经验上差异会是什么呢？换句话说，我们首先假定一个是正确的，从而提出推论。然后，我们假定第二个是正确的，从而提出推论。如果在两个案例中推论在某个确定点不同，那么我们至少有可能通过研究，经验在这一点上裁决有利于哪一个案例，来查明虚假的观点。然而，我们不可以断定，由此证明另一个观点是完全正确的。它同样可以为假，只是由于特异的质，它才在上述的案例中导致正确的推论。每一个聚精会神地观察他自己的经验的人都知道，这样的事情是可能的。虽然我们在假前提上出发，但是在实践中我们多么经常正确地行动！这种可能性的说明在于每一个经验和每一个假定的高度混合的本性。某一观点包含着真的成分，但是**与此同时也包含着假的成分**，这是十分可能的，事实上这是普遍的法则。在该观点的应用中，在真成分是决定因素之处，不管现在的错误，得到的是真结果。同样地，在假成分是决定的因素之处，将达到的是假结果，不管借助真成分能够有或已经有真结果。因此，在“确认”的案例中，我们只能断定，对于该例子来说是基本的那部分观点是正确的。

人们容易察觉到，这些观察在科学和生活的所有领域找到了应用。不存在绝对正确的断言，甚至最假的断言在某一方面也可能为真。只存在较大或较小的概率，人的理智做出的每一进展都倾向于增加实验关系或自然定律的概率的程度。

第十七节 科学分类

为了勾画科学的完备的一览表，从以前的观察可以获取工具。

不过，我们不必认为它在它给予每门科学以每一个可能的分支和顺次的意义上是完备的，它只不过是建立起一个框架，每门科学都能在该框架的给定地点找到它的位置，以至在渐进扩大的过程中，无需超越这个框架。 54

这种分类依据的基本思想是分等级的抽象的思想。我们已经看到(p. 19)，一个概念包含越少的部分或基本的概念，它就越普遍，也就是说可以应用于越多的经验之中。于是，我们将由最普遍的概念、即基本的概念(或者由我们暂时将不得不认为是基本的概念的东西)创建科学的体系，在按照其日益增加的多变性对概念复合分等级时，建立科学的相应的等级系列。另外，在这里必须注意一件事：由于为数极多概念的进入，这个等级系列必须产生大量相应的各种科学。出于实际的理由，这样的等级群被暂时地结合起来。由此完成了比较粗糙的分类，虽然人们比较容易得到了它的概览。最适宜的和最持久的这类图式是法国哲学家**奥古斯特·孔德**(Auguste Comte)创造的，自他以来该图式经历了几次变化。

下面是科学一览表，我将进而说明它：

Ⅰ：**形式科学**。主要概念：序 55

逻辑，或流形(manifold)的科学

数学，或量的科学

几何学，或空间的科学

运动学，或运动的科学

Ⅱ：**物理科学**。主要概念：能

力学

物理学

化学

Ⅲ:**生物科学**。主要概念:生命

生理学

心理学

社会学

这一点是明显的,我们首先必须处理形式科学、物理科学和生物科学三大群。形式科学论及属于所有经验的特征,因此这些特征进入生活的每一个已知阶段,从而在最广泛的意义上影响科学。为了直接推翻流行的错误,我强调这样一个事实:必须认为这些科学恰恰像其他两群科学一样,是实验的或经验的,就此而言不能怀疑它们是经验的。但是,因为第一个群处理的经验是如此极为广泛,从而与它们对应的经验是所有经验中最普遍的,所以我们容易忘记,我们正在完全处理经验;我们对这些经验的无条件相似的根56深蒂固的意识使它们似乎成为心智的天生的质或先验判断。然而,下述事实证明数学是经验科学:在数学的某一分支(数论)中,已知的定律是在经验上发现的,我们迄今还没有获得它们的"演绎的"证明。在这些科学中最普遍的表达和操作的概念是**序**(order)概念、**共轭性**(conjugacy)或**函数**概念,后来在比较彻底地研究专门科学时,它们的内容和意义才变得明晰起来。

在第二个群即物理科学中,分类的任意性变得十分明显,因为这些科学处在最熟知的东西之中。关于作为物理学的一部分的力学,我们完全有正当的理由;在我们的时代,物理化学把它自己插入到物理学和化学之间,它在最近二十年突然发展成扩大的和重要的专门科学。

物理科学的最普遍的概念是**能**概念,这个概念在形式科学中没有出现。确实,它不是根本的概念。相反地,它的特征无疑是混合性的特征,或者更确切地讲,是复杂性的特征。

第三个群包括所有的生物的关系。因而,它们的最普遍的概念是**生命**概念。所谓生理学被理解为处理非心理生命现象的整个科学。因此,在目前往往偶然安排的科学活动中,它包容所谓的植 57 物学,动物学,以及植物、动物和人的生理学。心理学是心理现象的科学。就这一点而论,它不限于人,尽管由于许多理由人要求它的远远占优势的部分针对人。社会学是处理人的种族特质的科学。因此,可以称它为人类学,但是现在在比该词更广泛的意义上使用它。

第十八节 应用科学

人们将觉察到,一览表的群根本没有在它的图式中给在大学和同样良好的技术学院讲授的某些知识分支赋予位置。我们不仅徒劳地寻找神学和法理学,而且也徒劳地寻找天文学、医学等等。

对此的说明和辩护在于,为了系统化起见,我们必须在**纯粹**科学和**应用**科学之间加以区分。依据其严格的概念上的排他性,纯粹科学构成规则的等级制度或等级系列,以至在先前的科学中使用和处理的所有概念在随后的科学中重复出现,而某些独特的新概念也加入其中。于是,逻辑即流形科学在所有其他科学中实行它的统治,而物理学和化学的特殊概念与它毫无关系,虽然它们对于所有的生物科学具有意义。通过这种新的(自然是经验的)概念 58 的等级的添加,纯粹科学的建构以严格的规则性继续进行,它们的问题全部是由新概念应用于所有早先的概念中引起的。换句话说，它们的问题并非偶然地从外部影响它们，而是起因于它们的概念相互之间的作用和反作用。

同时，有一些问题不考虑体系，每日摆在我们面前。这些问题来自我们努力改善生活和防止邪恶。在生活问题中，全部形形色色的可能概念面对我们，在日子的直接紧逼下，如果我们正在种庄稼或帮助病人，在生理学和所有其他科学解决了所有植物生长问题以及人的身体和人的精力的变化之前，我们不能等待。当其他标记缺乏时，我们利用星球的位置寻找我们在公海的路线。以这种方式，我们把星球的学说即天文学转化为应用科学，起初唯有力学似乎与应用科学有关。后来物理学参与其中，接着光学占据了特别突出的份额，最近不仅化学发现了它通向天文学的道路，而且生物进化概念尤其成功地应用在天文学中。

因此，与纯粹科学并排的是应用科学，应用科学借助下述事实

59 与纯粹科学区别开来：它们没有系统地展开它们的问题，而是通过人的生活的外部环境指派它们。从而，纯粹科学几乎总是或多或少与应用科学的任务有关。例如，在建筑桥梁或铁路时，必须考虑物理学问题以及社会学问题（贸易问题），良好的医生应该是生理学家和化学家。

但是，由于在应用科学中出现的所有个别问题基本上都可以看做是这个或那个纯粹科学的问题，因此不需要与纯粹科学一道明确地列举它们，这尤其是因为它们的发展大大依赖于暂时的条件，因此不能简单地系统化。

第 二 编

逻辑、流形科学和数学

第十九节 最普遍的概念

61

如果我们试图按照不断增加概念的复杂性的原则构想科学的整个结构，那么面对我们的第一个问题是：在所有可能的概念中什么概念是**最普遍的**——它普遍得进入每一个概念和形成并作为决定性的因素起作用？为了找到这种概念，让我们返回概念形成的心理-生理基础即**记忆**，让我们研究一下，什么是决定记忆的普遍特征。假如一种生物不得不过绝对始终如一的存在的生活，那么便不会唤起记忆。不会有能够藉以把过去与现在区分开来的东西，从而也不会有什么东西用来比较它们。于是，有意识的思想的这样“原初现象”是认清**差异**，即记忆和现在之间的差异，或者更普遍地表达同一观念，即两个记忆之间的差异。

因此，我们的经验被分为相互区别的两部分。为了预言某种关于这些部分的十分普遍的本性的东西，而不管它们的特定的内容，与在人的交往中使用的手段一致，我们必须用**名称**称呼它们。现在，在人的所有语言中，在应用于它们的概念和名称之间的关系方面，存在着大量的任意性和不确定性，这使得概念研究中的一切准确的工作变得极其困难。因此，有必要在每一个特定的句子中确定地陈述，给定的名称必须与什么概念内容关联。每一个经验就其与其他经验未被区分而言，我们将简单地称其为**经验**，而不在所谓的内部经验或外部经验之间做出区分。

62

许多经验依然是孤立的，因为它们不以相似的形式重复，从而在我们的记忆中未继续存在下去。它们永远离开我们的心理生活,没有留下进一步的结果或联想。但是,某些经验以或多或少的一致性发生,变成心理生活的持久部分。它们的持续时间决不是不受限制的。因为即使记忆也会变弱和消失。不过,它们延伸到生活的相当显著的部分,从而足以使它们显示出它们的特征。

相似的经验的聚集,从而在概念上概括的经验的聚集,我们将称其为**事物**(thing)。**因此,事物是已被重复的**、被我们"认清的"**经验**。也就是说,它是作为重复的和在概念上领悟的东西被感知的。换句话说,我们用来形成概念的所有经验都是事物。**事物概念本身是最普遍的概念**,因为按照它的定义,它包括一切可能的概念。它的"本质"(essence)或决定性的特征在于把任何一个事物与另外的事物区分开来的可能性。我们称我们无法区分的事物是**相同的**或**等价的**。在这里,我们将留下一个悬而未决的问题,之所以未出现这种区分,是因为我们**不能够**区分呢,还是因为我们**不愿意**区分呢。因此,概括为一个概念的所有经验相对于这个概念是作为相同的东西被感知的,或者被看做是相同的东西。现在,因为概念是既无意识地、又有意识地出现,所以第一种是像这样被直接感知的等价的情况。另一方面,在第二种情况下,其过程是有意识地无视或抽象现存差异的过程,以便形成这些差异未进入其中的概念。这最后的过程在获得概念**事物**时以高度的可能性被应用。

第二十节　联想

各种事物之间的**关联**或**关系**的经验在最普遍的意义上也是从

我的经验的本性中推知的。当我们回忆事物A时，另一个事物B来到我们的心智，这是由A唤起的记忆，反过来也是这样。其原因恒定地在于A和B在其中一起出现的某些经验。事实上，A和B必须一起出现若干次。否则，它们便会从记忆中消失。换句话说，在各种事物之间的这样的关联中显露出来的，正是**复杂概念**的事实。以这样的方式相互关联的两个事物A和B，被说成是联想(association)。联想在最普遍的意义上无非意味着，当我们想到B时，我们也在我们的意识中怀有A，反之亦然。不过，我们能够随意地使联想更确定，以至将把十分确定的思想或行动与联想B关联起来。于是，这些思想和行动对于在概念A和B之下发生的所有个别案例来说是相同的。 64

如果我们把另一个事物C与事物B联想在一起，那么我们便得到与通过A和B的联想得到的具有相同本性的关系。但是，没有直接寻找的新关系也出现了，即就是A到B的联想。若A回想起B，且B回想起C，则A必定不可避免地也回想起C。这个心理学的自然规律(Law of nature)产生了无数特殊的结果。因为我们还能够直接把它应用到其他案例，即第四个事物到事物C的联想，由此新关系也必然在A和D之间以及B和D之间确立起来。通过设定一个关系C∶D，在此处出现两个没有直接给出的新关系即A∶D和B∶D。另外的关系之所以出现，是因为C没有摆脱所有关系，而已经把与A和B的关系与它系在一起。因此，C的这些关系把A和B带入与D的新关系中。 65

通过这个最简单的和最普遍的例子，我们认清了演绎过程的类型(p. 41)，即发现确实已经由所接受的前提确立起来的、但是在从事相应的操作时却未直接出现的关系。的确，在目前的案例中,演绎是如此明显,以至辨认上述关系未呈现出最微小的困难。但是,我们能够轻易地设想比较复杂的案例,在其中要找到实际现存的关系则困难得多,从而在某些环境中我们可能会长时间徒劳地寻找它们。

第二十一节　群

在确定的概念中出现的所有个别事物的集合,或者由此构成这个概念的共同特征,被称为群(group)。这样的群按照表示其特征的概念的性质,可以由有限的或有穷的数目的元组成,或者可以不受限制。例如,全部整数形成无限的或无穷的群,而 10 和 100 之间(或两位数)的整数形成有限的或有穷的群。

从群概念的定义可以得出所谓的经典三段论的**推论过程**。它66 的形式是:**群 A 被 B 的特征识别。事物 C 属于群 A。因此,C 具有 B 的特征。亚里士多德**及其后继者归于这个过程的突出部分基于它的结果具有的**确定性**。不过,有人指出,尤其是**康德**指出,这样的性质的(他称其为分析的)判断或推论对于科学的进步来说根本没有意义,因为它们仅仅表达了已知的东西。为了使我们能够说事物 C 属于群 A,我们必须已经认出或证明了群的特征 B 存在于 C 中,而且在那个案例中推论仅仅重复了已经包含在第二个前提或小前提中的东西。

这一点在下述的典型例子中是显而易见的:凡人皆有死。凯厄斯是人。故凯厄斯有死。这是因为,如果凯厄斯有死并非已知(在这里我们不涉及这个知识是如何得到的),那么不应该有权利称他为人。

与此同时，基于不完备归纳的实际科学推论的特征变得很清楚。群 A 和属性是 a、b、c、d 的特征。我们在事物 C 中发现特征 a、b、c。因此，我们推定也将在 C 中找到特征 d。这一推定的根据 67 是，我们通过经验获悉，所提到的特征总是一起被找到的。正是为此理由且仅仅为此理由，我们可以从 a、b、c 的存在假定 d 的存在。在有可能把其他特征组合在其中的任意组合的案例中，找不到该推论。但是，另一方面，如果具有 a、b、c 的特征的概念 A 的形成是由重复的和惯常的经验引起的，那么完全可以找到该推论；也就是说，它是可能的。

然而，实际上，被假定证明了规则三段论的绝对确定性的典型例子，原来是隐蔽的不完备类型的归纳推论。前提凯厄斯是人基于属性 a、b、c（例如挺直的体态、形象、语言），而只要凯厄斯依然活着，属性 d（有死）便不能就范于观察之下。因此，在经典逻辑的意义上，在凯厄斯活着时，我们在小前提凯厄斯是人中并未得到辩护。三段论的十足无用是一目了然的，因为按照三段论，我们仅仅只能就死人断定他们是有死的。

从这些观察进一步变得明显的是，不管逻辑是多余的经典逻辑还是近代有效的归纳逻辑，无非是群论的一部分或流形科学——这好像是作为基本的科学出现的，因为它是数学科学的最普遍的成员（这个词是在最广泛的意义上理解的）。但是，按照符 68 合于整个科学的图式被有意识地规划的等级制度的体系，我们只能期望对所有其他科学的追求来说必需的那些科学（而且逻辑总是这样被视为不可或缺的科学，或者至少技艺）应该发现在基本的科学中已集中和已分类。

第二十二节 否定

当一个群的特征 a、b、c、d 被决定时，那么所有现在事物的集合能够被分割为两部分，即属于 A 的事物和不属于它的事物。于是，可以把第二个集合独自看做是一个群。如果我们把这个群称为“非 A”，那么由这个群的定义可得，两个群 A 和非 A 一起形成所有事物的集合。

这就是**否定**(negation)的语言学形式的意义和意味。它把被否定的事物从在命题中给定的任何群中排除出去，这便把它降格为辅助群或补充群。

这样的群的特征共同缺少肯定群的特征。在这里，我们必须注意，即使缺乏特征 a、b、c、d 中的一个也排除了把该事物收编到群 A，而仅仅这个特征的缺乏却足以把它包括在群非 A 内。因此，我们绝不能就群非 A 预言，它的每一个元必定缺乏**所有**特征 a、b、c、d。我们只能说，它的每一个元至少缺乏一个特征，但是一个或一些特征可以存在，几个或全部特征可以缺乏。两个群的某种不对称由此而来，我们必须记住这一点。

69

在处理形式逻辑的推论中的否定时，考虑这个主题尤其显得重要。鉴于我们将不特别使用形式逻辑，我们不需要详细研讨它。

第二十三节 人工群和自然群

用作群的定义的特征的组合乍看起来是纯粹任意的。因而，当我们选择了这样的任意组合时，我们能够消除一个特征例如 c，并形成具有特征 a、b、d 的群。一般而言，这样的**在特征方面是比较贫乏的**群将**在元上比较丰富**，首先因为第一个群由此构成的具有特征 a、b、c、d 的所有事物都属于它，其次因为虽然不具有 c，但是却具有 a、b 和 d 的所有事物也属于它。

如果我们认为这样的群由于包含某些共同的特征而相关，尽管在不同的元和组合中包含它们，以至一个群的定义能够通过个别特征的消除或结合从另一个群的定义导出，那么我们能够假定 70 一个普遍的论题：**在所述的群中，那些在特征方面比较贫乏的群在元上必定比较丰富，反之亦然**。这是上面陈述的较少确定的论题之命题的精确叙述。

为系统化起见，我们假定，我们能够任意地消除群的这个或那个特征。然而，这在经验上往往证明是不容许的。通常，我们发现，缺少群的一个特征的事物也将缺少若干其他特征；换句话说，特征并非完全相互独立，某些数目的特征一起出现，以至它们在一个事物中或共同存在，或根本不存在。

不过，通过把一起归类的特征作为是**一个**特征来看待，能够把这个案例归诸于首次描绘的普遍案例，以至唯一地用独立的特征定义这个群。于是，按照定义，我们在不丧失我们与经验的关联的情况下，能够实现所有可能有关的群的形式流形，这种流形产生了所谓的相应的事物的**分类**。

为了决定一个群，如果选取确定数目的独立特征，比如说 a、b、c、d 和 e，那么我们起初拥有最狭窄的或最贫乏的群 abcde。通过消除一个特征，我们得到五个群 bcde、acde、abde、cbce 和 abed。71 如果我们略去一个另外的特征、那么我们获得十个不同的群 abc、 dbd、abe、acd、ace、ade、bcd、bce、bde、cde。同样地，存在十个群，每个群具有两个特征，最后存在五个群，每个群具有一个特征。所有这些群是有联系的。有一门科学叫组合论，它给出若干法则，借助这些法则能够在给定的元素或特征中找到可能的群的类型和数目。组合论能够使我们得到所有可能的复杂概念的一览表和概观，而复杂概念能够由给定的简单概念（不管它们实际上是基本的概念还是相对地如此）形成。在任何科学领域，当以这种方式组合根本概念时，对于这门科学的所有可能部分而言，借助组合论能够具有完备的概览。

为了向我们的心智生动地呈现这个过程，让我们把形成化学的一个重要部分实物的化学组合科学作为例子。在化学中有大约八十种元素，这门科学必须探讨：

a）八十种元素中的独自每一个，

b）包含两种元素的所有实物且就此而止，

c）包含三种元素的所有实物，

72 d、e、f 等）包含四、五和六种元素等等的实物，

直到我们达到包容由所有元素形成的实物的群（在经验中不存在）。在目前的人类知识范围内不存在这样的实物，当然这对于图式（scheme）的结构而言并非没有意义。有意义的东西是下述事实，即该图式实际上以如此方式包容和排列所有可能的实物，使得我们不能够构想任何这样的案例：在其中新近发现的实物在即时审查后不能被归类在一个现有的群内。

从另一门科学引用一个例子。人们将回想起，物理学可以被视为能的不同类型的科学。因此，这门科学首先被分为每一种能的性质的研究，其次被分为两种能、三种能、四种能等等的关系的

研究。在这里，我们也可以说，最终不会存在不能被置于如此获得的群之一的物理现象。

当然，无论在化学中还是在物理学中，这并不意味着，每一个新的案例将落入当时**已知的**通过基本概念（不管是化学元素还是能的类型）的详尽无遗的组合而得到的图式之内。十分可能的是，研究中的新事物包含着**新的**基本概念，以至因为它的图式必须通过这个新元素的卷入而扩大。但是，相应数目的新群同时在图式中出现，使研究者的注意力对准下述事实：他在有利的环境中有理由指望也发现这些新事物。因此，组合的图式化不仅用来使现在的科学内容有秩序，以至每一单个事物都拥有它的指定位置，而且也有助于给由此发现未被占据的、迄今没有经验的东西与之对应的群指出位置，而科学能够通过新发现填充这些位置。 73

从上面的描绘显而易见，各种规则形式的巨大多样性（manifoldness）如何能够仅仅从两个概念"事物"和"联想"发展而来。它们是纯粹经验的关系，因为几个事物按照固定的法则能够被组合在上述的等级系列中的事实并非仅仅来自两个概念，而必定是**被经验的**。但是，另一方面，两个概念是如此普遍，以至能够把在一些案例中获得的经验应用于所有可能的经验，可以为分类它们和由它们构成普遍的概观的意图服务。

然而，上面的陈述决没有穷竭可能性。因为它隐含地假定，在几个事物的组合中，这个组合据以发生的**序列**（sequence）不应制约结果的差异。这对若干事物来说为真，但对全体事物而言并非为真。因此，为了穷竭可能性，必须把组合论也延伸到必须考虑序列的案例，从而把形式 ab 看作是与形式 ba 不同的。 74

我们不打算着手完成这个假定的结果。很明显，各种各样的案例的多样性比即使我们忽略的序列要多得多。在这一点,我们具有更多的观察获得的结果,即多变性(diversity)的进一步的原因存在着。确实,化学组合不受它的元素进入组合的序列的影响,但是对于相同的元素来说在那里却出现了它们的**定量关系**的差别,从而把新的复杂性引入该系统,以至两个或多个相似的元素能够按照定量关系的差别形成不同的组合。即使就此而言,还没有穷尽实际的多样性,因为由相同的元素、以相同的定量关系还能够产生所谓的**同分异构**(isomeric)的不同实物——尽管它们相似,但却具有不同的能量容量。不过,第一个图式未受破坏,它也没有因为多样性的这种增加而变得行不通。唯一发生的情况是,几个不同的事物而不是一个事物在原来图式的同一群中出现了,原来图式的系统分类必定需要使用其他特征进一步图式化。 75

第二十四节 元的排列

因为我们是从一个群的所有元(member)相互不同的命题开始的,我们对于排列它们享有十足的自由。虽然最明显的排列——按照这种排列,某**一个**确定的元被**单一的**另外的元紧随,如此等等(例如按字母表的字母排列)——是最简单的,但是它决不是排列的唯一模式。除了这种**线性**排列以外,例如还存在下述排列:两个元在其中同时地以每一个先于一个的方式跟随,或者可以把元像若干以棱锥形堆积的球一样配置。不过,我们将没有许多机会从事这些复杂类型的排列,因此能够把我们的考虑起初限定在最简单的排列，即线性排列。

所有可能的形式中的这种最简单的形式在下述事实中得以表述：**我们的意识直接经验的事物是以这个方式排列起来的。**实际上，我们的意识的内容是以线性序进行的，一个单独的新元总是依附于现存的元。不过，这个规律并没有严格地和不变地坚持下去。有时碰巧，我们的意识继续追随它曾经产生的思想方向，尽管分叉已经在以前的地方发生了，新的思想链条就是在此处开始的。然 76
而，这些链条之一通常很快就断裂了，内部经验的线性特征立即得以恢复。对于某些特别强大的理智而言，据记载，他们继续把几条思想路线保持相当长的时间——例如罗马皇帝尤利乌斯·恺撒(Julius Caesar)。

在这里就我们的意识内容的线性并置提到的生物学特质，导致了**时间**概念，可以恰当地称其为**内部生活形式**(form of inner life)。我们的所有经验在时间上彼此相继相当于说，我们的思想过程以线性排列描述群。正如从上面的观察显露出来的，这绝不是对全部时间来说不可改变的绝对形式。相反地，几个高度发展的个人已经开始使他们自己摆脱它的束缚。但是，由于遗传和习惯，现存的形式是如此牢固地固定，以至大多数人实际上似乎还只能用线或用**一维**方式想象内部经验的相继。另一方面，由于我们都学会了把空间作为**三维的**(tri-dimensional)来感知，虽则从视角上讲它似乎仅有两维(我们看见长度和宽度，只是从次要的特征推断厚度)，因此我们逐渐认清，我们描述我们的经验相继的线性形式是一个适应的问题，因为变化在数世纪的过程中极其微小，所以 77

它产生了不可改变的印象①。

这些讨论导致在线性排列群中能够存在的进一步的差异。虽然在我们选取的第一个例子即字母表中,序列是完全**任意的**,因为任何其他序列恰恰同样是可以的,就时间要素进入其中的经验也不能说相同的话。这些经验不是任意的,而是按照特殊的环境排列的,这些环境则依赖于在给定的经验中配合的事物之集合。

因此,虽然具有自由元即在它们的排列上不受特殊环境决定的元能够以迥然不同的方式引入线性序,但是存在着这些序的唯一一个实际上在其中出现的群。我们同时看到,在自由群中,群本身越大,可能的不同序的数也越大。组合论教导,如何计算在数学78 的各个领域中起十分重要作用的这些数。自然地有序的群已经描述了这些可能性之中的一个例子,其来源总是处在群概念之外,也就是说,它是从结合到群中的事物本身出发的。

第二十五节　数

在线性序中,特别重要的群是**整数**的群。它的起源如下:

首先,我们抽象在群中找到的事物的差异,也就是说,虽然它们是不同的,但是我们决定忽略它们的差异。其次,我们由群中的

① 忙于处理四维空间的形式理论的数学家,似乎获得了一种能力,从而如此容易地把这种形式想象为我们都熟悉的三维形式。因此,不管经常重复的意思相反的陈述,想象四维空间并非是不可能的。只是我们无须用三维空间向我们自己描述四维空间,尤其是在不知道它的性质的情况下不必这样做。

某个数开始，并使它独自编排成群。选择哪个数无关紧要，因为所有数都被视为等价的。再次，添加另一个数，这样得到的群再次描绘了特殊类型。接着，再添加一个数，相应的类型形成了，如此等等。经验教导我们，对于通过每次添加一个数形成这种新类型来说，从来也没有出现障碍，以至可以认为这个独特群形成的操作是**无限的或无穷的**。

这样得到的群或类型被称之为**整数**。从该过程的描绘可得，每一个数有两个近邻，一个是它通过数的添加从中产生的数，另一个是通过数的添加从它产生的数。在系列由以开始的数一的案例中，这个特征是以特殊的形式出现的，居前的群是**群零**(group zero)，也就是说，没有内容的群。结果中的这个数揭示了我们在这里不能讨论的某些特质。 79

现在，按照先前的观察(p. 64)，序不仅使每一个数与居前的数发生关系，而且由于这后一个数就其角色而言已经与所有居前的数具有大最的关系，因此这些关系也对新关系施加它们的影响。这一事实在各种数之间产生极其多样的关系，导致支配这些关系的流形定律。阐明它们形成了广延科学的主题。

第二十六节　算术、代数和数论

从数列的这种规则的形式中，能够确立许多特定的特征。导致这些特征发现的研究是纯科学的，也就是说，它们不具有特殊的技术目的。但是，它们具有非同寻常巨大的实际意义，因为它们提供了所计算的事物的所有可能的排列和分配，从而获得了手头的工具，准备好在每一个特殊案例出现时把这些工具应用于它。我已经指出，理论科学的积极意义正是在这里。出于**实践的**理由，对它们的研究必须尽可能**普遍**。这门科学被称为**算术**。

80 如果在计算中无视个别的数，而在任何数的位置完全使用代表它们的**抽象记号**，那么算术就从事重要的概括。乍看起来，这似乎是多余的，因为在每一个真实的数值计算中，都必须重新引入数。好处就在这里，因为在同一形式的计算中，所要求的步骤在形式上被一劳永逸地处置了，以至只需要在结论中引入数值，而不需要在每一个步骤计算它们。而且，如果保持记号，那么数的组合的普遍定律显得清楚得多，因为立即看到结果是由参与的元构成的。就这样，**代数**即具有抽象的或普遍的量的计算，作为一般数学的广泛的和重要的领域发展起来了。

借助数论，我们理解算术的一个最普遍的部分，该部分处理以某种规则方式形成的“数本体”(numerical body)的性质。

第二十七节 配位

迄今，我们的讨论限于**个别**群和它们中的每一个**独自**显示出来的性质。现在，我们将研究**在两个或多个群之间**存在的关系，二者都涉及它们的几个元和它们的集合。

如果我们起初有两个群，它们的元都相互有别，那么一个群的81 任何一个元能够与另一个群的任何一个元配位(co-ordination)。这意味着，我们决定，正像处置第一个群的相应元那样，应该同样地处置第二个群的每一个元。因为可以实施这样的法则，所以我们必定能够处置所有群的元，不管我们处置一个群的元是什么。换句话说，不可能利用对个别元来说独有的性质，而只能利用每一个元作为群的一元具有的性质。正如我们看到的，这些是**结合**(association)的性质。

首先，配位是**相互的**，也就是说，它对于把该过程应用于两个群中的哪一个是不重要的。两个群的关系是交互的或对称的。

再者，能够把配位过程扩大到第三个和第四个群等等，其结果，在被配位的群之一中所做的事情必定在所有群中发生。如果第三个群以此与第二个群配位，那么结果是相同的，仿佛它是直接与第一个群配位的，而不是间接地通过第二个群配位的。相同的结论对于第四个和第五个群等等也为真。因此，能够把配位扩大到我们乐意的任何数目的群，每一个单独的群证明是与每一个其他群配位的。

最后，能够使群与它自身配位，从而它的每一个元对应于某个确定的其他元。各个元应该对应于它们自身并非是不可能的，在 82 这种案例中群具有**双重元**或**双重点**。极限案例是**等价性**，在其中每一个元都对应于**它自身**。这个最后的案例本身不能提供任何特别的知识，但是可以应用它有利地阐明它声称是极其可能的观察资料。

第二十八节　比较

如果我们具有两个群 A 和 B，如果我们几次配位它们的元，那么可以产生三个案例。或者群 A 被穷竭，而存在依然在 B 中的元,或者B在A之前被穷竭,或者最后两个群容许它们的**所有**元相互配位。在第一个案例中认为A在该词较广泛的意义上比B**小**,在第二个案例中认为B比A小,在第三个案例中说两个群具有**相等的大小**。表达“B比A大”等价于表达“A比B小”,反之亦然。

必须注意的是,上面提到的关系为真,不管是否认为元在个体上相互不同,或者不管是否忽略元的差异,而且它们被作为相同的东西来处理。这来自下述事实:每一个确定的群的配位,都能够借助同时成对地交换两个元而被变换为每一个其他可能的配位。因为在这个过程中,一个元每次能够代换另一个元,从而在它的位置从来也不能出现间隙,所以在新排列中的群能够像在旧排列中那样成功地与其他群配位。同时,我们由此获悉,在群独立于它的元的排列与自身的每一次配位中,它必须证明等于它自己。

83

通过实行配位,进一步提供了下述命题的证明:

$$\text{若群 A}\left\{\begin{array}{l}\text{大于}\\ \text{等于}\\ \text{小于}\end{array}\right\}\text{群 B,}$$

$$\text{而且群 B}\left\{\begin{array}{l}\text{大于}\\ \text{等于}\\ \text{小于}\end{array}\right\}\text{群 C,}$$

$$\text{则群 A 也}\left\{\begin{array}{l}\text{大于}\\ \text{等于}\\ \text{小于}\end{array}\right\}\text{群 C。}$$

由此可得,无论什么有限群——其中没有一个群等于其他的群——的任何集成总是能够如此排列，以至系列能够以最小的开始和以最大的终结，以至较大的应该总是跟随较小的。**这个序也许是不含糊的**，也就是说，只存在给定群的一个系列具有这种特质。正如我们不久将要看到的，整数系列是这样排列的系列的最纯粹的类型。 84

在通过配位比较两个无限大的群时，一方面可以说，一个群在另一个群还包含元时，将不会被穷竭。因此，可以称两个无限的或无穷的群（或者像我们乐意的那么多的群）彼此**相等**。另一方面，在两个群中，一个群中的每一个元与另一个群中的元配位，这种说法由于元的无穷大数目而没有确定的意义。**因此，相等的定义没有完全付诸实现**，我们务必不要不加约束地把对有限群有效的原理应用到无限群。这种根据环境呈现大相径庭的形式的考虑，说明了"无限的悖论"，即当把确定内容的概念应用到具有部分不同内容的案例时产生的矛盾。如果我们希望尝试这样的应用，那么我们必须在每一个例子上就在它们方面的关系随那些内容（或前提）的变化而变化的方式，做专门的研究。作为一个普遍的法则，我们必须期望，先前的关系在这些根本没有任何变化的环境中将不会继续有效。

在这些观察的过程中，我们学会了为得到若干基本的和多种应用的原理，能够如何使用配位。仅从这一点看，配位的巨大意义就是显而易见的，以后我们将看到，它的意义甚至更为深远。**所有科学的整个方法论建立在配位过程的最多样的和多方面的应用的基础上**，我们将有机会反复地使用它。用下述说法可以简要地刻画它的意义的特征：它是把关联引入我们经验的集合的最普遍的工具。 85

第二十九节 计数

整数群由于它的基本的简单性和规则性,是配位的最佳基础。虽然算术和数论使我们最彻底地获得了这个群的特性,但是我们通过配位过程保证有权利推测这些特性,以及在我们与数字群配位的每一个其他群中再次发现它们的可能性。这样的配位的实行被称为计数(counting),从所做出的前提中可得,**就我们能够忽略事物的差异而言,我们能够计数所有的事物**。

当我们依次使群的一个元在另一个之后而与相互接续的数系86的元配位时,我们计数直到穷竭所计数的群。为配位需要的最后的数被称为所计数的群的元之**和**。因为数列无限期地继续,所以每一个给定的群都能够计数。

数字与**名称**以及**记号**配位。前者在不同的语言中是不同的,后者是国际的,也就是说,它们在一切语言中具有相同的形式。下述显著的事实正是由此而出:所有受教育的人都理解书写的数,而讲出的数却只能在各种语言内部理解。

计数的意图是极其多样的。它的最频繁的和最重要的应用在于这样的事实:数额提供了相应的群的**有效性或价值的量度**,二者同时增加和减少。更多的数用作所有类型的划分和排列在群内实施的基础,据此自由的使用是由下述原理造成的:在给定的数群中能够产生的每一事物也能够在配位的计数群中产生。

第三十节　记号和名称

名称和记号与数的配位要求对这种性质的配位做几点普遍的评论。

在群之一内产生的在被配位的群上实施形式操作的可能性，在异乎寻常的程度上促进了实在为确定的目的的实际形式。如果 87 我们通过计数查明人数 60 的群，那么我们能够在没有实际完成步骤的情况下推断，可以使这些人形成 10 人 6 排，或 12 人 5 排，或 15 人 4 排，但是，如果我们以 7 人或 11 人排列他们，那么我们不能得到完整的排。就人的群而言，我们能够从它的总数，即从它与 60 的数字群的配位，获悉这些特性和无数其他特性。因此，在配位时，我们有手段在不必直接处理相应实在的情况下开始了解事实。

很清楚，人们将很快注意到并利用如此众多的有利条件，以控制和塑造生活。例如，我们知道在最原始的人中普遍利用的配位过程。甚至较高等的动物也了解如何有意识地利用配位。当狗学会对它的名字做出应答时，当马对车夫的“停”（Whoa）和“跑”（Gee）作出反应时。在每一个案例中都存在着确定的行动或行动系列的配位，即概念与记号的配位，或者换句话说概念与另一个群的元的配位；在这里不需要被相互配位的事物之间的最少相似性。唯一的要求是，一方面被配位的记号应该容易地和确定地表达，而且正中要害；另一方面它应该容易“被理解”，也就是就含 88 义而言易于“**被领悟**”，并且清楚无误地**有别于**与其他事物配位的其他事物。

这样一来,我们发现,配位的声音记号的最频繁的概念,在较狭窄的含义上形成**语言**的开端。要弄清出于什么理由选择声音记号的特定形式是十分困难的,虽说它也不是具有重大意义的问题。随着时间的推移,最初的原因终于从我们的意识中消失了,目前的关联是纯粹外在的。从针对同一概念在其中使用数百种不同的记号的语言的众多差异来看,这一点是显而易见的。

现在,要解决与对应于声音群的每一个概念群的配位问题,也许是完全可能的,以至每一个概念应该有它自己的声音,或者换句话说,**配位应该是清晰的**。倘若不是由于概念本身像它们在目前那样还处于如此浑沌状态的事实的话,那么完成它无论如何不会超出人的能力。我们看到,如果仅就大概的轮廓而言,莱布尼兹(Leibnitz)和洛克拟定概念体系的尝试自那时以来没有经历进一步的发展。即使最规则的概念以及熟悉的日常生活概念也处在不停的流动中,而配位的记号比较而言则更为稳定。但是,正如语89言史表明的,它们也经历着缓慢的变化,而且按照与支配概念变化的规律迥然不同的规律变化。其结果是,在语言中,概念和词的配位绝不是毫不含糊的。语言科学通过同义词和同音(同形)异义词,使几个名称的存在指谓相同的概念,使几个概念的存在指谓相同的名称。这些偶然产生的形式指明语言如此之多的**基本欠缺**,因为它们消灭了语言基于其上的**清晰性原则**。由于形成了它的性质的虚假概念,我们直到现在肯定地从有意识地发展的语言中退缩,而有意识地发展语言的方式应该使语言越来越趋近清晰性的理想。实际上,人们几乎不知道这样的理想,更不必说认清它了。

第三十一节 书写语言

确实，声音记号具有在没有任何器具的情况下容易产生，在并非微小的距离能够交流的优点。但是，它们却遭受到短暂性的劣势的损害。它们对于暂时的理解而言是足够的，并为此目的经常使用。另一方面，如果有必要在较大的距离上或较长的时期内进行交流的话，那么就必须用比较持久的形式代替声音记号。

为此，我们转向另一种感觉即视觉。由于视觉记号在未变得不可区分的情况下能够比声音记号越过更大的距离，我们首先找到应用的视觉的电报，尽管这种应用是相当有限的，正处在不断变化的形式中，效率最高的是回光仪。其他种类的视觉记号应用得更为普遍。这些记号被客观地标在合适的固体上，只要所述物体耐久，这些记号就持续下去并被理解。这样的记号形成了最广泛意义上的**书写语言**，在这里也是使记号和概念配位的问题。 90

我就我们目前概念体系的十分不完美状态所说的话，对于这两个群而言也为真。另一方面，**书写记号**不像声音记号那样易于受到这样大的变化，因为声音记号必须每次重新产生，而写在恰当材料上的书写记号可以幸存数百年乃至数千年。因此，正是书写语言在整体上比言说语言发展得更好。事实上，存在着孤立的例子，在这些例子中可以说几乎达到了理想。

正如我们已经指出的，数的**书写记号**提供了这样的案例。通过十个记号 0123456789 的系统操作，不仅可以使书写符号与无论什么数配位，而且这种配位是严格地清晰的，也就是说，每个数只 91 能用唯一的一种方式书写，每一数字记号具有唯一的数值意义。这可以用下述方式得到：

首先，使一个特定的记号与从零到九的数的每一个群配位。相同的数与接着的群十到十九配位，从而包含的数像第一个一样多。为了使第二个与第一个群区分，利用符号一作为前缀。第三个群用前缀记号二标记，如此等等，直到我们达到群九。按照所采纳的原则，紧接着的群有记号十作为它的前缀，它包含两位数。所有相继的数相应地被指明。由此可见，下述结果是有把握的：第一，没有数在它的序列中逃脱指定；第二，用来表示两个或多个不同的数的记号从来也不是集合。这两种情况足以保证配位的清晰性。

众所周知，刚才描绘的循环系统决不是唯一可能的系统。但是，在迄今尝试的所有系统中，它是最简单的和最有逻辑性的，以至它从来也没有一个必须认真对待的竞争者，在引入印度-阿拉伯记数法之后，希腊人和罗马人在他们时代不得不用来折磨他们自己的笨拙的记数法受到排挤，从未再次恢复；印度-阿拉伯记数法以相同的形式在一切文明民族中开辟了它的道路，并构成它们所有书写语言的始终如一的部分。

92 言说语言和书写语言的比较提供了**单词**语言更大不完善的十分鲜明的证据。数字 18654 在英语中用十八千六百五十四(eighteen thousand six hundred and fifty-four)来表达，也就是说，第二个数字首先被命名，接着第一个、第三个、第四个和第五个数字被命名。而且，四个不同的指谓被用来指明数字的位数，即十

(-teen)、千(-thousand)、百(-hundred)、十(-tẏ)。几乎不能想象更无目的的混乱了。仅仅在它们的序列命名数字也许要清楚得多，如一八六五四(one-eight-six-five-four)。此外，这恐怕是清晰的。如果我们预先需要指出位值(place value)，那么我们能够以约定的方式这样做，例如通过预先陈述位数的数字。不过，这可能是多余的，通常应该加以忽略。①

第三十二节　万国语和声音书写

在概念和书写记号之间，存在着两种配位的可能性。或者配位是**直接的**，以至它仅仅是给每一个概念提供相应的记号的问题；或者，它是间接的，记号只是服务于表达**语言声音**的意图。在后一个案例中，书写语言完全基于声音语言，唯一的问题——比较容易解决——是构造**声音和记号之间的清晰的配位**。中文的书写遵循直接的过程，但是欧美文明人的所有书写基于间接的过程。 93

的确，只是在日常的、非科学的语言中，情况是这样，而对于科学而言，欧洲民族也不得不在很大程度上建立直接的概念书写。这方面的一个例子我们在数字记号中看到了。音乐记法提供了另一个例子，尽管它远非如此完美。不同调的使用打破了音高和音

---

① 较大的群十(ten)、百(hundred)、千(thousand)、百万(million)、十亿(billion)的通常的指谓也是十分不合理的。如果用尽可能少的几个词保证表达位值是我们的目标，那么我们发现，形式 10^{2n}(其中 n 是整数)的数必定得到它们自己的名称，即 10；100；10,000；100,000,000 等等。以这种方式，用尽可能少的词指谓，尽可能多的数的问题就被解决了。

符记号之间清晰的关联，处在整个五线谱开端的调号具有把记号从它被应用的位置移除的缺点。不管这种不完善，音乐记法是完全国际化的，每一个理解欧洲音乐的人也理解它的记号。①

从根本上讲，我们需要毫不犹豫地辨认在**概念书写或万国语**(pasigraphy)中记号排列问题的比较完备的解决办法。甚至十分 94 不完备的中文万国语也使讲数十种不同语言的各种东亚人之间的书写交往成为可能，尤其是为了商业的目的。但是，每一种语言共同体把共同的记号翻译为它自己的词语，正像我们在数字记号的情况中所做的那样。但是，为了这样的表述系统应该变得完备，就必须使整个一系列条件付诸实现，而在现在却几乎无法看见这些条件的遥远的可能性。

乍看起来，只能把概念看做是在各种语言的词语或语法形式中找到的，每一个概念提供了任意的记号。中文系统近似是这样的。但是，这类系统必须承担极度的记忆负担，这种负担是由词语的众多和在简单性的某些界限内保持记号的必要性引起的。如果我们考虑到，复杂的概念是按照在很大程度上还不了解的规律由相对少数的基本概念形成的，那么我们可以尝试按照相应的法则通过把基本概念的记号组合起来建立复杂概念的记号。于是，为了使我们能够描述所有可能的概念，也许只是有必要学会基本概念的记号和组合法则。这甚至可以为概念世界的自然扩大做好准 95 备，因为每一个新的基本概念都会得到它的记号，从而会用你从中

① 以清晰性为目的完善音乐记法并不困难，这是一件会大大促进音乐学习的事情。

演绎出所有依赖于它的复杂概念的基础。事实上，即使迄今被视为基本的概念证明是复杂的，那么宣布它的记号像灭绝的种族的名字一样废弃了，并在足够长的时间流逝之后把它用于其他意图，也不会有什么困难。

数值记号为阐明这个论题提供了杰出的例子，同时用作在有限的区域内已经达到理想的证据。另一个十分有教益的例子是由化学式提供的，虽然它们使用欧洲语言的字母，但却不是把声音概念，而是把化学概念与它们联系在一起。因为化学概念与某些字母配位，所以首先有可能用相应字母的组合定性地指示所有组合的构成。但是，由于定量的构成是按照由对每一个元素而言独有的特定数目的多变性决定的、称为它的组合重量的确定关系进行的，因此我们只需要把组合重量的概念添加到元素的记号之中，以便接着描述定量的组成。进一步，也能够给出所提到的倍数。而且，由于存在不管相等构成而具有不同性质的各种实物，因此已做出尝试，用元素记号在纸上的位置、在较晚近的时期也用空间描述表达这种新的多样性。在这里，也创立了法则，图式按这些法则与经验密切接近。这个例子表明，随着概念（在这里是化学构成）的复杂性的不断增加，对配位的图式的要求也变得越来越多样。起初选择的表达形式并非总是与科学的进步并驾齐驱。在这个案例中，必须彻底改变和重新形成表达形式，以便满足新的要求。 96

第三十三节　声音书写

关于配位的清晰性，**语音书写**比概念书写完善得多。显而易见，在语音书写中，存在于概念和声音之间的配位中的所有缺点转移到书写语言中。在概念和记号之间的配位中出现的清晰性方面的不足之处添加到这些缺点中，而语言无法摆脱这些不足之处。事实上，有一些语言，值得注意的是在英语中，这些缺点相当于急需处理的灾难。清晰性原则可以要求，就书写言说词语的方式而论，永远不应该有疑问，而且就言说书写词语的方式而论，同样永远不应该有疑问。不需要证据表明，在每一种语言中如何经常违背这一原则。在德语中，用 f、v、ph 表示相同的声音；在英语中，用 97 f 和 ph 表示相同的声音。在德语和英语二者之中，却把大相径庭的声音与 c、g、s 和其他字母联系起来。**在任何语言的书写中，能够造成的表音法的错误的事实是它的不完善的直接证据**，这种可能性发生得越经常，语言在这方面越不完善。我们知道，拼音改革十多年前在德国已经开始，最近在美国和英国把记号和声音之间的配位的清晰性作为拼音改革的目标。还必须承认，这种趋势并非总是被坚定不移地追求。实际上，几项革新无疑表明倒退了一步。

第三十四节　语言科学

我们的研究——我们不能详细地描绘而只能指出这一切——与像在大学和大多数书籍中所教导的语言科学或语文学的比较，揭示出它们之间的重大差异。这种学术的语文学造成关系的最详尽无遗的研究，而从语言的意图的观点来看，这些关系没有任何结果，例如大多数语法法则和用法。这类研究自然必须把它自己局限于纯粹决定，某些个体或个体群是符合还是不符合这些法则。甚至近代比较语文学的主要课题，即词的形式的相互关系的研究，以及它们在历史进程中在语言共同体内和在迁移到另一些地方时两方面的变化的研究，从配位理论的观点来看似乎是完全无用的， 98 因为对我们来说，确实没有片刻时间获悉，作为一个完全多余的法则，某一个词通过什么变化过程逐渐与它先前与之配位的概念截然不同的概念配位的。关于概念本身渐进变化的研究可能具有无比重大的意义，尽管决不是重要得像概念的实在的研究。的确，这样的研究比书写下来的词语形式的研究要困难得多。

然而，由于会把我们引向离题万里讨论的历史过程，这样的词语研究的观念在整体上与它们的重要性不相称。如果我们问我们自己，这样的劳动在人类文明的进步中扮演什么角色，那么我们便会不知所措，无言作答。语言**科学**的学生在它和被视为无比低级的语言**知识**之间做出鲜明的区分。不过，语言知识至少在一个方面是重要的，在此处它向我们呈现出在其他语言中记载的文化材料，或者使它们容易向不懂得外语的人翻译，而语文学在这方面根本没有什么用处，对它的追求对于未来的科学而言将似乎是难以置信地无效，就像中世纪的经院哲学现在对我们来说无效一样。 99

隶属于语言形式的历史研究的无保证的重要性，与归因于语言使用中的语法和表音矫正的同样无保证的重要性相应。这种刚愎自用的卖弄学问被引向这样的极端，以至认为对于违背他的母语的通用形式，甚或违背像法语之类的外语的通用形式的任何人来说几乎是耻辱的。我们忘记了，无论是莎士比亚(Shakespeare)，还是路德(Luther)或者歌德(Goethe)，都没有说过或写过“正确的”英语或德语;我们忘记了,尽可能准确地**保持**现存的语言用法不能是真正的语言培育的目的,要知道这种用法由于它们不完善时常等于荒谬。语言培育的真正目标宁可说在于语言的适宜的**发展**和**改进**。我们已经提及这样一个事实:在一个部门即表音法中,语言及其发展的本性的真实概念逐渐开始坚持自己的权利。在大多数国家中,正在做出努力以清晰性为目的改进表音学;就在拼音中对准的目标而言,一旦获得了充分的明晰性,那么在寻找达到它所需要的手段方面将没有什么特殊困难。

但是,在语言的所有其他部门,我们还几乎完全没有真正需要的概念。虽然英语语言的例子证明,我们能够省却与在形容词、动词、代词等的特定复数形式中出现的相同句子的多种多样的配位,可是甚至最大胆的语言革新者似乎也没有想到这样的观念:把无意识卷入英语语言的自然改进过程有意识地应用到其他语言。我们如此强烈地处在"教导者"的理想,也就是说处在保持每一个语言的荒谬性和行不通性的理想的统治之下,仅仅因为它是"可靠的用法"。

100

通过引入**普适的辅助语言**(p. 183)将得到双重的好处。最近,在这个方向的努力已经做出了显著的进步。首先,在人类共同感兴趣的事情上,尤其是在科学中,它将提供普遍的交流工具。这将意味着节省无法估计的精力。其次,对语言的迷信的敬畏和我们对它的看待,将为比较恰当地估价它的专门的目的让路。当我们借助人工的辅助语言能够使我们每日确信,这样的语言会创造得比"自然"语言多么简单和多么完备时,那么需要将不可抗拒地坚持自己的权利,以便使这些"自然"语言也分享人工语言的好处。

一般而言，这样的进步对于人的理智成果的重要性也许异乎寻常地巨大。可以断言，作为所有科学中最普遍的哲学迄今之所以做 101 出这样极其有限的进步，仅仅**因为它被迫使用一般语言的媒介**。下述事实使这一点变得很明显：与之最密切相关的科学即数学在所有科学中取得了最大的进步，但是它只是在印度-阿拉伯数字和在代数符号二者中获得了一种语言——该语言实际上十分近似地实现了概念和记号之间的清晰配位——之后，才开始这一进步。

第三十五节　连续性

到这时，我们的讨论基于**事物**的普遍概念，也就是说，基于与其他经验区别的个体经验的普遍概念。在这里，**是不同的**事实作为普遍的经验导致相应的基本概念，该事实出现在与它的普遍性一致的突出地位。但是，除了这个事实之外，还有另外的普遍的经验事实，它导致恰好一样普遍的概念。这就是**连续性**概念。

例如，当我们注视因为天在晚上变暗使得我们房间中的光亮减少时，我们决不能说，我们发现天在目前瞬时比在先前瞬时更暗。我们需要可察觉到的长时间，才能够肯定地说，天现在比以前暗，**我们从来也没有**遍及整个时间**感觉到**暗度从一个瞬时到另一个瞬时的**增加**，虽然在理论上我们绝对确信这是该过程的正确 102 概念。

这种独特的经验，我们知觉变化的各个部分之不足，当差异达到某一程度时我们才能认清的实在是十分普遍的，它像记忆一样以基本的生理学事实为基础。**赫尔巴特**（Herbart）已经注意到它，

费希纳(Fechner)首次认清它的意义,从此它以**阈限**(threshold)的名称在生理学和心理学中变得众所周知。**紧接着记忆,阈限决定我们的心理生活的基本路线。**

因此,阈限意味着,在我们能够知觉差异或变化之前,**必须跨越**我们处在**某一确定的差异或变化的总量**中的无论什么状态。这种特性出现在我们所有的状态或经验中。我们已经对于光明和黑暗的现象给出了例子。对于颜色的差异和我们关于音调的音高和音调的强度的判断而言,相同的特性也为真。甚至从感觉健康到感觉有病的转变通常也是难以察觉的,只有当变化在十分短暂的时间内发生时,我们才变得意识到它。

仅仅需要简洁地指出这些心理现象的物理原因。在我们的所有经验中,在我们的感觉器官和中枢感官中现有的化学-物理状态经受了变化。现在,用物理仪器所做的实验表明,在能够完全引起103 这样的过程之间,它总是需要有限的、尽管有时是十分微小的做功量。或广而言之能量。甚至灵敏度为百万分之一克的最精细的天平依然不动,此时仅有千万分之一克放在天平盘上,尽管我们在显微镜下才能够**看见**这样微小重量的物体。以相同的方式,它需要一定的能量耗费,以便使感觉器官或中枢感官行动起来,所有小于这一限度或阈限的刺激都不产生它们存在的经验。

在我们的经验中由此唤起困难的连续性概念。从白天的光明到夜晚的黑暗的转变**连续地**进行着,也就是说,在整个转变的时刻,我们没有注意到刚刚通过的状态与目前的状态有什么不同,尽管在经验的较宽广的范围上差异是清楚明白的。如果我们希望我们生动地想起这一点包含的与其他思想习惯的矛盾的话,那么我们只需要想象一下接着的例子。我将把事物 A 在某一时刻与如此构造的事物 B 加以比较，以至于虽然 B 在客观上与 A 不同，但是差异还没有达到阈限。因此，从经验上讲，我必须把 A 看作是 104 等于 B。接着，我把 B 与事物 C 比较，C 以相同的方式在客观上不同于 B，就像 A 与 B 不同一样，虽然在这里差异也依旧在阈限之内，尽管十分接近阈限。我们将不得不也把 B 看作是等于 C。但是，在此时，如果我把 A 直接与 C 比较，那么两个差异之和越过阈限值，我发现 A 不同于 C。于是，这与基本原理——若 A＝B 和 B＝C，则 A＝C——矛盾。这个原理对于计数的、从而是不连续的事物是有效的，而对于我们的感官易感受的连续事物则是无效的。不管这一点，如果把它在比较狭窄的意义上应用于连续的事物或**数量**，那么我们必须记住，它恰恰像在其他普遍原理的案例中那样，也是对**非现在的理想例子的外推**(p. 46)，虽然这些普遍原理是从经验中导出的，但是对于实际目的而言，它们无论如何在它们的使用中超越了经验。

上面引用的例子也证明，决没有把这些关系局限于我们在直接感觉的基础上推导的判断。当我们借助天平比较三个重量，而它们的差异在天平灵敏度的限度之内但却趋近于该灵敏度时，我们也能够以纯粹经验的和客观的方式达到矛盾：A＝B，B＝C，但 A≠C。因此，在衡量和测量时，我们紧紧抓住一个原则：所引用的关系没有要求在它们的可能的误差限度之外有效。从而，虽然能够观察到 A≠C 的不相等，但是二值之差至多不能大于两个阈限 105 值之和。

这些考虑也给我们估价这样一个经常重复的陈述的工具：与

物理定律截然不同，数学定律是绝对精确的。数学定律不涉及实在的事物，而只涉及想象的理想的极限情况。因此，它们根本不能用经验检验，科学对它们提出的要求处在迥然不同的领域。它们的性质必定是这样的：倘若某些确定的众所周知的公设越来越付诸实现，那么**经验应该无限地趋近它们**，而且各种抽象和理想化应该选取得不相互矛盾。这样的矛盾决不是已经被避免了。但是，我们不必像康德那样认为，它们是在我们心智的内部组织中固有的。这些矛盾出自不谨慎地运用概念的技巧，因之把在其他地方被拒斥的公设视为有效的。我们在把相等的概念应用于无穷的群时(p. 84)，已经碰到这种关系的例子。

在回答感觉是连续的事物——例如**空间和时间**——是否是“真正”连续的问题时，或者在回答它们经过最终分析是否必须想象它们是不连续的问题时，我们必然受相同的预防准则指导。各106种感觉器官，更多地是我们用来审查给定的状态的各种物理仪器，都具有形形色色程度的“灵敏度”，也就是说，区分差异的阈限具有大相径庭的数量。因此，对于灵敏的仪器来说是不连续的事物，就较少灵敏的仪器而言其行为好像是连续的。从而，我们区分的能力越是较少明显地发展，我们将越是发现较多的事物是连续的。

虽然这种状况使我们有可能认为不连续的事物是连续的，可是在某些环境中时间方面的关系却产生对立的结果。即使在一个过程中变化是连续的但却十分迅速，新的状态在某一时间内依然未变，我们也容易察觉这个序列是不连续的。就过程的每一步骤来说，当变化在比我们心智的阈限时间短暂的时间内发生时，我们不能坚持这样察看该过程。但是，因为这个阈限随我们的一般条件而变化，所以同一过程依据环境不同在我们看来似乎能够是连续的和不连续的。因此，我们在这里找到了原因：由于这个原因的作用，随着知识日益进展，越来越多的事物将开始被视为**连续的**。

现在，如果我们转向经验，那么我们发现，作为我们的知识的总和，为了权宜之计起见，我们怀着一切事物是**连续的**推测来看待一切事物。这种集合的经验在这样的说法“自然不跳跃”和相似的 107 格言式的概括中找到它的表达。但是，我们必须再次强调一个事实：在以这种方式决定事态时，我们只不过是处理权宜之计的问题，而不是探讨我们心理能力的本性问题。

第三十六节　测量

测量在某一方面是计数的对立面。在计数中，事物被预先看做是**个体的**，因此群是由不连续的元素合成的物体，而另一方面，测量在于**使数与连续的事物配位**，在于把在不连续性假设之上形成的概念应用到连续的事物。

在这样的问题的尝试解答过程中，适应的困难在某些地方突然发生，正在于问题的本性。测量证明是未被结束的和不可能结束的操作，这个事实实际上表明这一点。不管这一点，如果测量可以而且必须用来表示人的思想中的最重要的进展之一，那么由此可得，在实践中能够使这些基本的困难变得无害。

让我们向我们自己描绘一下某一测量过程，例如决定纸条的长度。我们把划分为毫米（或某个其他单位）的直尺放在纸条上，然后我们决定纸条端点所处的单位刻度。结果弄清楚，纸条并未

严格地在单位刻度终结，而是**在**两个单位刻度**之间**终结。即使提
108 供分度精细十倍或百倍的直尺，情况依然相同。在大多数案例中，用显微镜察看将表明，纸条的末端并未与分度重合。因此，能够说的一切是，长度必定处**在 n 和 n+1 单位之间**，即使给出确定的数，在科学上受过训练的人将用记号 $\pm f$ 补充这个数，在这里，f 指示可能的误差，也就是给定的数在其内可能为假的限度。

我们立即看到，导致连续性概念的阈限的特征概念在与不连续的数关联时，如何直接地表现自身。阈限对数的适应能够推进到可以减小阈限，但从来也不能使后者完全消失为止。

因此，测量的意义在于这样的事实：它把计数操作连同它的所有优点(参见 p. 85)应用到**连续的**事物，这本身乍看起来无助于枚举。由于单位测量的应用，不连续性最初通过把事物割为片段，每一个片断等于单位，或者通过想象如此分割它，而人为地确立起来。然后，我们计数片断。当用升**测量**液体的量时，在物理上实施的就是这个普遍的过程。在所有其他较少直接的测量方法中，可
109 用比较容易的过程同样好地代替物理过程。于是，在纸条的例子中，我们不需要把它切割为长度一毫米的片断。分度的直尺可以有效地把碰巧处于考虑之中的任何毫米数的长度加以比较，我们只需要从直尺上的数字读出等于纸条长度的毫米的数量，以便推断纸条能够被切割为相等的每个长度为一毫米的片断的数目。

在使以这种方式计数连续的事物成为可能之后，接着能够使它们的服从仅仅针对分立的、直接可计数的事物起初发展的所有数学操作。当我们想起，我们关于事物的知识以**压倒优势地**把事物作为**连续的**给予我们时，我们立即看到，在对我们经验的理智支

配中，通过测量的发明向前迈出了多么重要的一步。

第三十七节 函数

连续性概念使另一个具有较大普适性的概念的发展成为可能，这个概念的特征能够概述为因果性概念的推广(p. 31)。后者是下述经验的表达：若 A 存在，则 B 也存在，其中 A 被理解为起初想象成不可改变的确定的事物。现在，可能发生这样的情况：A 不是不可改变的，而是描述了具有连续变化的特征的概念。于是，一般地，B 也将具有那种性质，以至**B 的每一个特定的值或状态对应于 A 的每一个特定的值或状态**。110

在这里，代替两个确定事物的交互关系的，我们有相似事物的两个或多或少扩展的群的交互关系。如果这些事物是连续的，正如在这里所假定的(而且情况极其经常地是这样)，那么两个群或系列尽管是有限的，它们也包含着无穷无尽数量的个别案例。两个可变事物之间的这样的关系被称为函数。虽然这个概念主要用于**连续的**事物的交互关系，但是并没有什么东西阻止把它应用到分立的事物中，从而我们可以区分连续函数和不连续函数。

在整个系列或群彼此之间的交互关系的概念中包含的理智进步，尽管与**个体**事物之间的关系的概念不同，但是这种进步极其重要，而且以最富于表达力的方式概述了近代科学思想和古代思想之间差异的特征。例如，古代的几何学只了解锐角、直角和钝角三角形的案例，而且分开来处理它们，而近代几何学家则把三角形的边描述为从角零开始，越过可能的角的整个领域。因此，与他的古老的同行不一样，他不要求特定的原理与这些特定的案例有关，但111 是他询问边和角相互之间处于什么连续关系之中，他让特定的案例从彼此的关系中产生。以这种方式，他更深刻、更有效地洞察到整个现有的关系。

尤其是在数学中，连续性概念和由它引起的函数概念的引入产生了异乎寻常地深刻的影响。所谓的**高等分析**或**无穷小分析**是这一根本进展的第一个结果，**函数论**在最普遍的意义上是后来的结果。这一进步立足于下述事实，在数学公式中出现的数量不再被看做是确定的值（或被任意决定的值），而被视为**变量**，即可以遍及所有可能量的值。如果我们用公式 B=f(A)描述两个事物之间的关系，该公式在所讲的语言中用 B **是** A 的**函数**来表达，那么在旧概念中 A 和 B 是每一个个别的事物，而在近代概念中 A 和 B 描述了不可穷竭的可能性的系列，该系列包容着可以与相应案例配位的每一个可想象的个别案例。

连续性概念的基本优点正在这里。的确，它也把上面提到的112 矛盾引入计算中，这些矛盾在总是重新提起的关于无限大和无限小的讨论中显现出来。莱布尼兹就**微分**计算引入的系统证明在实际结果方面是富有成效的，就像在理智把握方面是有困难的一样，他的微分就是无限小量，然而这些量在大多数关系中还保留着它们却被认为从中导出的有限量的特征。我们能够最充分地把这些微分想象为阈限的定律的表达，这个定律导致了连续的事物和不连续的事物之间的关系，或者使这种关系成为可能。

第三十八节　函数关系的应用

我已经表明(p. 34),经验的增加如何能够纯化和精炼经验产生的因果关系的最初阐述。所描绘的方法以下述事实为基础:通过从"原因"中相继地消除它的概念由以合成或能够合成的各种因素,通过从效果即"结果"的存在或缺失中就每一个因素的必需或多余推断,可以得到效果的必要的和适当的因素。

显而易见,这个过程的应用预设了依次消除每一个因素的可能性。这十分经常地是不可能的,于是,为了代替个别案例的不适当的方法,**连续的函数关系的方法**以它的无限大的有效性走了进来。在大多数案例中,如果我们不能一个接一个地**消除**因素,那么 113 只有十分少的例子,在这些例子中不可能**改变**它们,或者不可能观察在自动改变的因素值中的效果。但是,我们此时有一个原理:对于因果关系而言,**一切其变化包含效果变化的这样的因素是基本的**。

很清楚,这表示先前的、比较局限的方法的普遍化。因为因素的消除意味着,它的值减小为零。但是,现在达到这个极端的限度不再必要;只要以某种方式影响所研究的因素就足够了。

确实,在这里,效果上的差异不能像以前那样用"是"或"否"来表达。人们只能说,它或多或少**部分地**改变了。由此能够看到,这个过程的应用需要比较精致的观察方法,尤其是需要测量,即需要决定数值或大小。另一方面,我们必须认清,我们借测量过程的应用能够多么深入地识破事物的知识。在测量精确性方面的每一进展，都表明先前达不到的科学真理层次的发现。

第三十九节 连续性定律

从自然现象一般而言是连续进行的事实中，我们能够演绎出114 若干重要的和普遍可适用的推论，这些推论不断地被用于科学的发展。

当推测形式 A＝f(B)的两个连续变化的值的关系时，我们通过观察相应于 B 的值之 A 的不同值使自己确信它的真理性。反之亦然。如果我们发现一个之中的变化对应于另一个之中的变化，那么便证明这样的关系存在着，起初仅仅是针对所观察的值证明的，尽管我们从来毫不犹豫地断定，就处在所观察的值之间的 A 的值而言，而不是就迄今还未观察的它们而言，B 的相应的值也将处在所观察的值之间。例如，如果在两小时期间观察给定地点的温度，我们毫不犹豫地接受，在没有进行观察之间的时间内，该值处在所观察的值之间。如果我们按照通常的方式用水平线标示时间，用纵向线标示一般的时间周期的温度，那么连续性定律断言，所有这些温度点处在一条稳态线上，以至当若干处于彼此充分接近的点已知时，便能够从稳态线推断之间的点，而稳态线则可以通过已知点画出来。已知点相互接近，稳态线越简单，这种十分经常应用的过程将产生越精确的结果。

因此，连续性定律或稳态定律的应用简直意味着，从有限的、115 甚至往往不十分大的数目的个别结果，获得无限大数目的未审查案例的预言结果之平均值，是有可能的。因而，从这个定律推导的工具是有名的**科学的**工具。

如果这个工具有严格的数学形式成功地表示关系 A=f(B)，那么它们价值还会更大。首先，把这个函数若干个别值决定的结果描述为配位值表。通过上面描绘的图示过程，或者通过它的等价物即内插法的数学过程，这个表被延伸得也可以提供所有的中间值。但是，这还是对应值的机械配位的案例。尤其是相对于简单的或纯粹的概念，在发现普遍的数学法则中，我们往往获得成功，而按照这种数学法则，能够从数量 B 推出数量 A，反之亦然。这是我们在定量的意义上在其中就自然定律所说的唯一例子。

例如，我们能够观察，当给定的空气量相继经受不同的压力时，它占据什么体积。如果我们把所有这些值统统排列在表中，那么我们也能够针对所有中间的压力计算体积。但是，在仔细审查相应的压力和体积数时，我们注意到，它们成反比，或者当它们彼此加倍时，它们的乘积将是相同的。如果我们用 v 表示空间，用 p 表示压力，那么这个事实采取数学形式 $p \cdot v=K$，基中 K 是确定的数，该数依赖于空气的数量、压力的单位等等，但是在这些因素保持相同的实验系列中依然不变。一般的函数方程 A=f(B)变成确定的 $p=\frac{K}{v}$。倘若 K 的值一旦用实验确定，这个公式能够使我们通过简单的计算针对任何程度的压力决定体积。 116

乍看起来，我们只是在进行实验的领域内有权利这样计算，自然定律的简单数学表达与特别方便的内插法法则的表达相比暂时没有进一步的意义。但是，这样的形式立即唤起要求实验回答的问题。该形式能够推广多么远？从公式本身的考虑直接推断，这里必定存在一个极限。这是因为，若我们设 $p=0$，则 $v=$ 无限大，这二者都超越了可能的实验领域。

类似的考虑在所有这样的数学公式化的自然定律中得到公认，因此我们每时每刻都必须询问，这样的表达的**有效性之范围**是什么，必须用实验回答这个问题。

虽然在这一讨论中数学公式化的自然定律似乎仅仅具有方便的内插公式的性质，但是我们仍然习惯于认为，这样的公式的发现是巨大的理智成就，这种成就给我们如此深刻的印象，以至我们每每用发现者的名字称呼它。现在，这样的公式化的更有意义的价值在何处呢？

它在于下述事实：只有**当对现象的概念分析进展得足够远时**，才能发现简单的公式。正是公式的简单性表明，处在其基础的概念形成是特别有用的。在托勒密(ptolemy)的行星运动理论中，预先计算它们的位置的手段恰恰像在哥白尼(Copernicus)理论中一样被给出了。但是，托勒密理论以地球处于静止、太阳和其他行星运动的假定为基础。太阳处于静止而地球和其他行星运动的假定，大大促进了行星位置的计算。哥白尼做出的进展的本来价值正是在这里。直到相当晚的时候，人们才发现，能够借助相同的假设更为合适地描述若干其他实际的关系，哥白尼理论于是逐渐被普遍承认和应用。

连续性定律的意义和它的应用领域，决没有被上面所说的东西穷竭。不过，我们今后将有若干机会指出它在特例中的应用，从而促使它的使用变成科学研究生手的稳定的心理习惯。

第四十节 时间和空间

时间和空间是两个十分普遍的概念，虽则毫无疑问不是基本的概念。因为除了二者包含的连续性的基本概念外，时间还具有进一步的特点：时间是单系列的或一维的，不容许重返过去的时间点的可能性（缺乏双重点），且具有绝对的单面性，也就是说，在前和后之间存在根本的差异。这最后的质正是未在空间概念中发现的质，而空间概念在每一个向指（sense）上都是对称的。另一方面，由于三维性，空间具有**三重流形**（manifoldness）。

不管在空间和时间的性质方面的这种根本区别，我们的全部经验都能够在空间和时间的概念内加以表达或描述，这是经验比可想象的东西的形式多样性（manifoldness）更为局限的十分清楚的证据。在这个意义上，能够把空间和时间设想为可以应用到我们的全部经验的自然定律。在这里，与此同时，自然定律的主观的、显示人的特点的要素变得十分明晰。 119

时间的特性具有如此简单和明显的本性，以至不存在特殊的时间科学。我们需要就它了解的东西看来好像是物理学的一部分，尤其是力学的一部分。不过，时间在**动学**（phoronomy）中起着必不可少的作用，这是我们现在将要考虑的论题。然而，在动学中，时间好像仅仅以它的最简单的形式作为单系列的连续流形出现。

讲到空间，三维的存在制约着可能关系的巨大多样性，从而制约着关于空间中的物体的十分广泛的科学即**几何学**的存在。几何学被分为依赖于测量概念是否进入的各种部分。当处理纯粹的空间关系而撇开测量概念时，它被称为位置的几何学。为了引入测量的要素，某一假设是必要的，这个假设是不可证明的，因此似乎是任意的，它之所以得到辩护，仅仅因为它是所有可能假设中最简单的。这个假设认为，刚体能够在空间的所有方向上运动而在度量上不变化是理所当然的。或者，陈述这个假设之逆，即在空间中，一个刚体占据的那些部分被认为是相等的，不管它如何动来动去。

我们没有意识到这一假定的极端任意性，只是因为我们在学120校中变得习惯于它。但是，如果我们思考一下，在日常经验中，被刚体——比如说一根手杖——占据的空间表面看来像它在空间移动它的位置一样，经受了根本的变化，并且我们能够通过宣布这些变化是“表观的”而坚持那个假设，那么我们便辨认出实际上寓居在那个假定中的任意性。我们能够恰恰同样好地描述所有的关系，倘若我们不得不假定，这些变化是实在的，而且在我们当着我们的面使手杖恢复它的先前关系时，这些变化相继被消除的话。可是，虽然这样的概念就它仅仅处理手杖的空间图像而言基本上是可以实行的，但是我们仍然发现，它在其他关系方面会导致这样极端的复杂状况（例如手杖的重量不受视觉图像变化的影响这一事实），以至于如果我们坚持通常的假定，即视觉变化只不过是表观的话，那么我们就会更有效。

在这一关联中，我们获悉，在科学的发展中经验的各种部分相互之间施加了多么巨大的影响。在经验的每一个特定的概括中，也就是说，在每一个个别的科学理论中，我们的目的不仅是概括经验本身的这一特定群，而且同时像权宜之计要求的那样，也在于把其他这样的经验与它们结合起来。如果这种必要性的结果一方面使合适理论的精练变得更加困难，那么在另一方面，它却具有以下巨大的好处：在明显同类的价值的几个理论之间提供选择，从而使更精确的实在概念成为可能。例如，为了理解太阳和地球的相互运动，不管我们假定太阳绕地球运动，还是假定地球绕太阳运动，情况都是一样的。直到我们试图在理论上描述其他行星的位置时，我们才发现第二种概念的经济优势，在我们目前的知识状态下，只能够按照这第二种概念描述像傅科（Foucault）摆实验之类的事实。 121

同样地，科学的几何学所采纳的假定，即空间在所有方向具有相同的性质，与直接的经验发生冲突。在直接的经验中，虽然我们准备承认空间在水平方向的“均匀性”，但是我们还是在下和上之间做出鲜明的区分。正如物理学教导的，这是由于我们处在引力场这一事实，而引力只是从上向下作用，且容许自由的水平旋转，尽管它把特征性的差异传递到第三个方向。因为另一种类型的考虑能让我们使自己处在我们在空间研究中忘记这种引力场的地位，所以几何学抽取这个要素，而不管相应的流形。另一方面，在引力势理论中，正是这种流形构成科学研究的主题。 122

空间和时间概念的共同应用导致**运动**的概念，而关于运动的科学被称为动学（phoronomics）。为了使这个新变量服从测量，我们必须就用来测量时间的方式取得一致或约定（convention）。因为过去的时间从来也不能再现，我们实际上只是经验无广延的瞬时，没有办法像我们能够在空间大小的案例中所做的那样，通过把它们并排放置，辨认或定义两个时间周期的相等。我们用下述说法补救我们自己：**在不受影响的运动中，相等的时间周期必须对应于相等的空间中的变化**。我们把地球通过它的轴的自转和它绕太阳的公转视为这样的不受影响的运动。这两种运动依赖于不同的条件，两个运动的关系或日和年之间的关系实际上依然相同的经验事实，支持那个假定，同时表明给定的时间定义是权宜之计。

从方法的观点来看，**解析几何学**即代数对于几何关系的应用，在空间科学中占据值得注意的位置。它借助计算产生几何学的结果，也就是说，借助**代数的**符号材料的应用，我们能够获得关于未知的**空间**关系的资料。用如此明显外来的方法如何能够获得像这样的一些结果，就此做出说明是必要的。

123

答案再次在于普遍的配位原理，该原理正是在这个案例中得到特别有说服力的阐明。三个代数记号 x、y 和 z 与空间的三个可变的维度配位。首先，同一独立的和恒定的可变性被归于这些记号。进而假定同一相互关系存在于它们之间，就像实际存在于三个空间维度之间一样。换句话说，正好同一类型的流形被传递给这些代数记号，如同空间维度具有它们与之配位的代数记号一样；因此，我们可以期望，所有出自这些假定的推论将在空间流形中找到它们的对应的部分。从而，配位的空间关系对应于由计算产生的那些代数公式，如果这样的变化导致代数上简单的形式，那么对应于它的特定形式必定显示出类似的简单性。因此，在这里，我们有一个像在 p. 86 的较简单的条件下就一些操作描绘的案例，这些操作是针对一个群进行的，相应地在配位群中加以重复。正是在这个案例中两个群由以构成——一方面空间关系和另一方面

124

代数记号——的事物中的唯一重大差异，造成了惊讶的印象，这一点在这种方法的发明中被十分强烈地感受到了，对数学有天资的学生在首次开始获知解析几何学时更强烈地感受到这种惊讶。

第四十一节　扼要的重述

在我们着手考虑其他科学的基础之前，最好阐述一下迄今穿越的领域的一般概要。正如我们已经观察到的，由于后来的科学利用了早期科学的完整设置，为了使它们的特殊应用成为可能，对它们的把握必须得到保证。

这并不意味着，为了追求后来的科学，人们必须完备地掌握那些早期科学的整个范围。仅仅人的局限就会妨碍实现这样的要求。事实上，即使仅仅明确地把握早期科学的最普遍的特征，也能够在后来的科学之一中做出成功的工作。然而，结果的急剧性和确定性被早期科学的比较彻底的知识十分显著地增强了，因此研究者应该在为他的特殊科学做不充分准备的危险和从未以十足的准备达到它的危险之间寻求中间道路。在任何情况下，他必须总是做好准备，即使在较晚的时期，他一感到为完成任何特殊工作需 125 要那些根本的帮助，就会得到它们。人们普遍同意，要是没有逻辑，合适的科学追求是不可能的。不过，这一看法甚至在科学人(men of science)中也广为流行，致使每一个人在没有学习逻辑的情况下具有运用必需的逻辑的能力。即使人们可以无助地发现它的某些基本原理，他至多能够使他自己学会使用该演算，除非他做过必要的学习，他才能够在普遍必需的逻辑法则的使用中获得确定性和敏捷性。的确，专门科学中的伟大的先驱和领袖的科学工作，提供了这样的逻辑活动的实际范例。但是，完全的自由和可靠性只有在有意识的知识的基础上才能获得。

我们现在已经领悟，从我们心理器官的生理构造来看，概念形成的过程和概念关联的经验为何是整个心理生活的基础。最普遍的或最基本的概念的相互作用定律在**事物**、**群**、**配位**诸概念的形成中起作用。在这里发现了逻辑或概念的科学的基础。抽象的特殊过程产生了**数**的概念，随之产生了**数学**相应的领域——算术、代数和数论。

126 借助生理学的第二个根本事实即**阈限**，说明了另一个基本事实即**连续性**的事实。在这个概念的影响下，个别事物的配位被扩展到**连续的现象系列的配位**，产生了相应的比较普遍的函数概念。**测量**的观念起因于把数概念应用到连续的事物中。在数学中，连续性概念导致高等**分析**和**函数论**。最后，连续性概念对于科学知识的扩大和自然定律以数学形式的形成，证明是无穷无尽的帮助。

第　三　编

物理科学

第四十二节 总论

127

在形式科学中，我们从可以想象的、除了它与其他事物区分的能力之外不具有其他独特属性的事物之最普遍的概念出发，开始使对象专门化；我们把专门化推进得如此之远，以至我们能够在它的运动中追踪在时间和空间方面限定的对象。的确，这个对象仅仅被限定在它占据的确定空间中，从而具有确定的形式。事实上，几何学和动学中的特定事物没有揭示出进一步的属性。

正是在这里，物理科学一个接一个地进入它们的领域，用确定的属性充满几何学事物的空虚空间。这些属性是洛克的第二性的质，他就这些质假定，它们在很大程度上不属于物体本身，以至它们在我们看来好像仅仅由于我们人的感觉器官才是如此。现在，因为我们关于这些性质的本性以及我们的感觉器官构造的知识透彻得多，所以我们对于对应经验的主观部分也有更明确的观念，我 128 们在很大程度上能够把它与客观部分分开。

与几何学物体截然不同的物理学物体具有的所有性质，能够被追溯到一个基本的概念，这个概念连同在前一章说明的概念有助于刻画物理结构的特征并区别物理结构。例如，我们能够区别相等大小的，但却具有不同材料、不同温度和不同发光度的立方体，这一事实总是能够被全部追溯到在上述几何学空间中起作用的不同能量类型。因此，能量概念在物理学中像事物概念在形式科学中起近似相同的作用，这个新的科学领域的本质是关于这个概念的综合知识和发展。由于它的巨大的重要性，它早就以个别形式为人所知,并被加以应用。但是,物理科学相对于能量的系统化则仅仅是最近时期的事情。

第四十三节 力学

近来,许多学生反对在传统上把力学分为**静力学**或平衡的科学和**动力学**或运动的科学,因为它不符合事物的本质,须知平衡只
129 不过是运动的极限案例。无论如何,这门科学的经典表述建立在这种划分的基础上,从而它必须表达本质的差异。通过把能量概念应用到力学,我们能够清楚地辨认这种差异。于是,我们获知,静力学是功的科学或位置的能量(位能)的科学,动力学是活力(living force)的科学或运动的能量(动能)的科学。

所谓**功**,我们在力学的意义上意指为移动物体所需要的力的消耗。虽然铅的立方体在几何学上等于玻璃的立方体,但是,当我们把它们从地板提升到桌子上时,我们经验到它们之间的巨大差异。我们称铅的立方体比玻璃立方体重,我们发现升高前者比后者需要较多的功。由于心理学的理由,当提升铅立方体需要的功标志我们的身体能力的极限时,这一判断变得尤为清楚。

功不仅取决于上面描绘的差异,而且也取决于施加它通过的距离。它随着距离的增加成正比地增加。在力学中,功与距离和我们在给定的例子中称为**重量**的那种独特的性质二者成正比。但是,在力学的意义上,关于那种性质形成了一个比较普遍的概念,它被称为**力**,重量由力构成,但却是力的特例。无论何时存在着与
130 地点的变化结合在一起的阻抗,我们就谈及力**与我们称之为功的**

力和距离之积。

这种类型的概念形成的原因如下:存在着大量的不同机械,它们全都具有在一个确定的地方能够把功输入而在另一个地方把功输出的特征。现在,数世纪的经验表明,要以这样的力学机械获取比输入给它们的还要多的功,是不可能的。实际上,获取的功总是小于输入的功,随着机械趋于完善,二者趋于相等。因此,**功守恒定律**正是应用于这样的理想机械。这个定律明言,虽然可以在方向、力等等方面以五花八门的方式改变给定的功的量,但是它的**总量**是不可能改变的。

我们之所以能够这样确定地就这个事实做判断,其理由在于,在诸多世纪,若干有才干的机械工寻求解决永恒运动的问题,也就是说,企图建造能够从中获得比输入给它还要多的功的机器。所有这样的尝试均以失败告终。但是,从这些明显失败的努力中得到的积极结果是功守恒定律。这个结果的伟大和重要在我们进一步的研究过程中将变得显而易见。

131 在这里,我们首次遇见表达事物**定量**守恒的定律,而事物可能仍然经受了形形色色的**质**的变化。由于认识到这个事实,我们不自觉地兼有下述概念:经过所有这些转化的是“相同的”事物,它仅仅改变了它的外部形式,而在它的本质方面没有变化,确实,这样的观念广为流传,但是就它们而言它们具有十分可疑的方面,因为它们不符合准确无误的概念。如果我们想要称力和距离之积的定量大小是功的“本质”,称按照大小和方向决定针对每一特定值受到考虑的力和距离为它的“形式”,那么不用说,对于纯粹的命名在这里没有引起异议。但是,我们必须记住,此处得到的差异完全在于这样的事实:定量测量的功的总量依然不变,尽管它的因子经受了同时的和相反的变化。

存在着能够定量地决定的数量,正如经验表明的,不管这个数量的因子可能发生多么大的变化,它本身依然不变,这一发现不仅恒定地导致相应的自然定律的十分简单而清楚的系统阐明,而且也符合人类心智在概念上制订“变化中的恒久性”的普遍趋势。与132 词义一致,如果我们用**实物**(substance)的名称意指在变化的条件下持续的一切事物,那么**我们在功中碰到第一个实物**,我们是在我们的科学旅程中获得关于这一点的知识的。在人类思想的进化史中,其他东西、尤其是可称量物体(它们也服从守恒定律)的重量和质量先于这个实物,以至我们现在倾向于把意会的可称量性的第二性的质与实物一词关联起来。但是,这依旧是十分广泛传播的宇宙的力学理论的残余,虽然它在物理学中几乎耗尽了它的作用,但是也许将继续长期坚持下去,从而进入与集体思维规律一致的公众的科学意识。

第四十四节 动能

功守恒定律决不是对耗费或转化功的所有案例均为真,而仅仅对**理想的**机械、即对在现实中不存在的这样的案例为真。但是,在不完善的机械中至少存在着相对于这个定律的近似,此外存在着无数我们在其中甚至不能说近似的正常案例。例如,当石块从某一高度落到地面上时,消耗了某一数量的功,这个功等于石块借以能够再次上升到它的原来的高度的功。当石块依然躺在地上时，这一数量的功显然完全消失了。我们以后将讨论这个案例。133 或者，能够如此引导石块的下落，使得它能够再次提升它自己。例如，通过把石块系在绳子上，当使它受力在弯曲的路线上运动时，或者进行摆动的振动时，就发生这种情况。确实，在这个案例中，石块将落到绳子容许的最低点，从而在其间它在未做任何其他功的情况下丧失了它的功。但是，它进入一种状态，它借助这种状态使它自己再次上升，以至(像以前那样仅仅在理想的极限情况中)它达到它的先前的高度，从而未丧失功。于是，在这时功守恒定律也得到公认。但是，其间新的关系出现了。

把像摆这样的运动石块与仅仅下落的石块区别开来的东西是，在最低点它没有继续处于静止，而具有某一速度。借助这一速度，它使它自身再次上升，在它达到它的先前的高度时，它失去了它的速度。**因此，在它丧失的功和它获得的速度之间，存在着倒易关系**，于是可以提出问题：如何能够在数学上描述这种关系？经验教导说，在每一个这样的案例中，速度和物体的另一种性质即所谓的**质量**之函数，能够以这样的方式确立起来：这个所谓物体的**动能**的函数随着物体消耗的功的总量恰恰同样多地增加，反过来也是如此，因此物体的动能和**功**之和是**常数**，想象这个关系的最清楚的模式 134 是设想：**能够使功转化为动能，反之亦然**，转化的方式使得两个数量的给定总量彼此相等或等价。自然地，这只不过是表达实际关系的简略方式，因为正好完全可以设想：功真正地消失，动能真正地重新产生，一种实物的消失只不过碰巧规则地与另一种实物的起源重合。但是，正是现象的这种规则的结合，构成每一个**因果**关系的唯一根据，在这样的意义上，我们可以合情合理地**认为，功的**

消失是所产生的动能的原因,并把这种关系概括地称为转化。

根据把功转变为动能的案例的内含物,功守恒定律从而变成**功和动能之和守恒定律**。因此,我们被迫把起初仅包含功的实物概念扩展到两个数量之和,并为这个扩大的概念引入新名称。

不久看来好像是,在其中功消失而不产生等价总量动能的不135完善机械的所有案例,由于概念的相应扩大,同样的能够包括在守恒定律内。因为经验表明,在这样的案例中,另外一些事物产生了。诸如热、光、电力等等。我们称这种普遍化的概念为**能量**(energy),该概念包容所有自然过程,并容许所有对应的值之和用守恒定律表达。因此,所讨论的定律是:

在所有过程中,现有的能量之和仍然保持不变。

在完善的机械中,功守恒原理证明是这个普遍定律的理想特例。完善的机械是功在其中仅仅变为另一种类型的功,而不是变为不同类型的能的机械。于是表达普遍的能量定律的等式的每一边,即

消失的能量=产生的能量,

仅仅包含功的数量,表达功守恒定律。另一方面,像在摆的案例中那样,如果功不断增加地一部分接一部分地变为动能,反之亦然,那么在第一个周期内等式是:

消失的功=产生的动能,

在摆再次上升的第二个周期内,再次

136 消失的动能=产生的功。

因此,只能在有限的意义上称功是实物,因为它的守恒仅仅限于完善的机械,可是我们可以无条件地称能量为实物,因为在我们

知道的每一个例子中,都坚持这样一个原理:**任何能的量从来也不消失,除非另一种能的等价量产生**。从而必须把这个能量守恒定律视为物理科学的基本定律。可是,不仅包括化学在内的物理学的所有现象在守恒定律的限度内发生,而且在相反的东西被证明之前,也必须把守恒定律看做是在所有后来的科学中起作用,也就是说,在所有有机体的活动中起作用,从而所有生命现象也必须在守恒定律的限度内发生。这符合我若干次强调的普遍事实,从而先前科学的所有定律都可以在所有后继科学中找到应用,因为后者只能够包括通过专门化、即通过添加进一步的特征,从先前的或比较普遍的概念中出现的概念。

第四十五节　质量和物质

在上而已经注意到,动能除依赖速度外,还依赖另一个数量。当我们试图使不同的物体处于运动时,便能够得到关于它的本性的概念。在这样做时,臂的肌肉完成了某一做功量,我们感到该量 137 或者较大、或者较小。以这种方式,我们清楚地意识到下述事实:对于相同的速度而言,不同的物体需要十分不同的做功量。在这里开始起作用的性质被称为**质量**,质量正比于各种物体为达到相同的速度所需要的功。因为用合适的手段能够十分准确地测量功和速度,所以质量适宜于相应准确的测量。

所有已知的可称量的物体都具有质量。这意味着,在使物体以某种确定的力(所谓的重力)趋向地面的性质和物体在运动的原因的影响下呈现某一速度的性质之间,存在着规则的关联。我们能够毫无困难地构想，我们只可能获知像重物这样的物体，也就是被地球控制的物体，由于其他物体即使存在，它们恐怕早在以前很久就自然地离开了地球。必须用相似的方式说明所有这些物体也有质量。因为质量为零的物体在每一次冲击中都会呈现无限大的速度，从而永远不会成为我们观察的对象。其结果，凭借在地球表面获得的物理条件，我们已知的物体必定把两种性质即质量和重量结合起来。

138 给予质量和重量在空间结合存在这一概念的名称是**物质**（matter）。经验表明，就这些数量来说也存在**守恒**定律，按照这个定律，**无论在具有重量和质量的物体中可能产生什么变化，在它们的重量和质量之和方面将不发生变化**。因此，根据先前引入的命名法，我们称重量和质量为实物，因为不管它们可能经受什么变化，它们在量上依然相同。不过，通常把名称实物应用到由质量和重量构成的物质的概念。事实上，科学家往往走得如此之远，以至把该名称局限于各种守恒定律的这一单独的例子，并认为实物唯一意指质量和重量的组合。这与我们正要讨论的概念有关，即所有自然现象最终都能够被设想为物质的运动。在十九世纪的绝大部分时间内，这个被称为**科学物质论**（scientific materialism）的概念几乎毫无反对地被接受了。现在，人们正在越来越清醒地认识到，它只不过是未证明的假定，科学的发展日益证明该假定是更加站不住脚的。

第四十六节　力能学

借助我们前面的观察，传统上作为力学而闻名的科学分支看来好像是功的科学和动能的科学。进而，静力学表明是功的科学，139 而动力学除处理动能本身外，还处理功转变为动能以及动能转变为功的现象。此后，我们将再次发现相同的关系，只不过是以比较多样的形式出现。物理学的每一分支证明是特定类型的能量的科学，必须把它借以变为其他形式的能量以及反过来变化的关系之知识添加到每一类型的能量的知识中去。的确，在传统的物理学的划分中，这个体系并未严格地实施，因为传统的和十分有影响的分类动机是关注人的各种感觉器官。

然而，这一根据并不在于物理学领域，而在于生理学领域，因此为了严格的系统化必须抛弃它。

在物理科学当中，力学是第一个在历史进化的过程中发展起来的。若干因素有助于这个目标——力学现象的广泛分布，它们对于人类生活的意义，力学原理比较简单，而这种简单性使得有可能在早期发现力学原理。大多数人注意到，在物理学的所有部门中，力学是第一个适宜于综合的**数学**处理的部门。确实，只是在做出理想化的假定——完善的机械等等——之后，力学的数学处理 140 才是可能的，以至数学处理的结果频繁地与实在毫无共同之处。对物理学问题丧失洞察力和使力学成为数学的一章之错误，并非总是可以避免，只是在最近的时期，才再次开始意识到，经典力学在把自己任意限制于极端理想化的案例中时，有时要冒对科学的目标丧失洞察力的危险。

第四十七节　机械论的理论

因为力学的进化先于物理学其他分支的进化，所以力学广泛用作其他物理科学形式的组织模型，正像以欧几里得的十分精致的形式从古代流传给我们的几何学一般用来作为科学工作的模型一样。这样的类比(analogy)方法起初证明是极为有用的，因为无论何时何处能够把握所有可能性敞开着的新科学，它们都能够用作预示的向导。但是，这样的类比后来易于变得有害。由于每一门新科学不得不处理的独特的多样性，它不久便要求新方法，这些新方法的引入容易被延迟，而且实际上往往被延迟，因为科学家无法使自己立即彻底地摆脱旧的类比。

141　鉴于人的心智以记忆为基础，它被如此构造得不能同化某些全新的东西。必须以某种方式把新东西与已知的东西关联起来，以便可以有组织地使它在概念的集合中体现出来。因此，在存在新经验或新思想时，我们心智的第一个不自觉的冲动是，到处寻找未知的东西与已知的东西似乎可以联系的地点。在力学的案例中，这种寻找相关的联系的必要性以这样的方式起作用，以至已经做出和还正在做出把所有物理现象想象和描述为力学的尝试。

对这种尝试的促动首先是由力学在概括和预言**天体运动**中取得异乎寻常的成功给予的。哥白尼、开普勒(Kepler)和牛顿(Newton)的名字在天文学的力学化中标志着独特的步伐。其原因在于这样的事实：天体实际上十分接近于经典力学处理的纯粹力学形式的理想。这些成功激励了把这些产生如此丰富结果的智力工具应用到所有其他自然现象的尝试。按照旧理论，所有的物理事物都是由物质的最小的固体粒子即所谓的**原子**构成的，这种理论支持了这些倾向，并引起把原子的小世界看做是服从相同的定律，人 142 们发现这些定律同样如此成功地应用于星球的大世界。

于是，我们看到，这种机械论的假说，即所有自然现象能够被还原为力学现象的假定，是如何到来的，仿佛它是自我理解的事情，由于它声称是自然的深刻诠释，它几乎根本不容许就它的辩护提出问题。在这里，结果与我在上面的案例描绘的一模一样，在那些案例中，类比推理被过分广泛、过分轻信地接受了。毋庸置疑，虽然力学假设起初确实在特定的研究中富有成果，因为它促进了问题的提出——例如我们只需要想一下化学中的原子假设，但是后来，由于假设的不恰当性逐渐显露出来。我们寻找进一步的假设的帮助之努力并非罕见地把科学研究导向假问题（pseudo-problem），也就是就，导向仅仅在假设中是问题的问题，而不是导向实际的实在能够与之对应的问题。因此，这样的问题就其真正本性而言是**不可解决的**，构成科学见解差异的不可穷竭的源泉。

机械论假设的最臭名远扬的有害后果出现在精神现象的科学处理中。尽管科学家准备好把所有其他生命现象——诸如消化、吸收甚至生育和繁殖——描述为某些原子极其复杂的作用的结 143 果，但是他们的勇气从来也没有达到如此程度，以至把这个原则应用到精神生活，并借助力学考虑就该课题说出定论。

正因为这样踌躇地使精神现象像所有其他现象一样在同一机械论原理之下就范，哲学体系不得不寻求某些其他手段把精神世界与力学世界关联起来，哲学家完成这个目标的努力是五花八门的。在流传给我们的各种学说中。莱布尼茨提出的**先定的和谐**(pre-established harmong)的学说在我们的时代特别走运,它现在被称为**心物平行论**(psycho-physical parallelism)。按照这一理论,人们假定,精神世界与力学世界并排存在,而且完全独立于力学世界,但是事物却被如此预先安排,从而使得精神过程与某些力学过程(在一些人看来与所有力学过程)同时以这样的方式发生,以至于虽然两个系列一点也不相互影响,但是它们总是精确地彼此对应。这样的关系如何出现,它是如何保持下去,依然秘而未宣,或者留给未来去说明。

我们只需要用无偏见的心智想一想这个假设的内容,就立即失去对它的所有爱好。事实上,除了精神的和力学的世界是相互144 对立的预设外,它没有其他存在的理由。只要我们抛弃非精神的世界全部是力学的论题,我们就再次有可能针对精神现象的理论发现与所有其他现象的理论、尤其是与生命现象的恒定的和规则的关联。因此,人们将发现在每一个方面最便利的是,不使科学研究对于与预想的假设、例如机械论的假设不符合的事实成为片面的和几乎盲目的,而要像迄今所做的那样,一步一步地寻求在科学的渐进建立中必须计及的多样性的新要素,并在普遍观念的形成中忠实地把我们自己限定在它们之中。

第四十八节　力学的补充分支

纯粹力学或经典力学的领域局限于上述两种类型的能量,即功和动能,尽管这些类型并未穷竭机械能的多样性。因而,处理相应现象的其他力学分支被添加到上面描绘的经典力学。

如果我们把机械能理解为**空间变化在其中与能量变化关联的**所有能量,那么存在许多不同的形式,其数目与存在似乎可适用的空间的概念一样多。物体在空间中的**形式**、**体积**和**表面**尤其可以作为能量作用的场域来辨认,这种场域依据这些关系中的每一个 145 显示出不同的性质或多样性。

形式能(energy of form)在保持一定形状的物体(固体或刚体)中表现出来,因为形状的每一变化都与功或某种其他能量的消耗相关。如果变化很小,那么物体具有这样的本性:在施加在它们之上的力停止作用后,它们主动地返回到以前的状态。这种性质被称为**弹性**。然而,广泛而理性地发展的弹性理论,宁可被视为属于普遍的数学物理学,而不是属于特殊的力学。在较大的形状变化中,形式能或弹性能成为其他形式,在消除力之后,物体不能恢复它以前的形状。

另外的物体不具有形式能(或者仅在无限微小的程度上具有),以至它们在不消耗功的情况下容许形式的变化,但是它们的体积只能够通过做功变化。这些物体分为两类。第一类是具有确定的体积(相对于固体的确定的形状)的**液体**,液体在**每一**向指——压缩和膨胀二者——上的变化都需要功。第二类是仅仅在该词的一个意义上具有体积能(volume energy)的**气体**,在气体中,只是体积的压缩需要功,而在膨胀时则释放出某一数量的功。146 只有它们的体积能因自发膨胀而消耗受到相反的能、例如器壁的弹性阻碍时,这样的物体才能够存在。这种趋势被称为**压力**。

最后,在各种类型的物体之间的表面中存在能量的品种,它们在这些表面变化时起作用。它们总是处于这样的方向:表面的增大需要功,由于能量守恒定律,从而不能自然而然地进行。在相反类型的能量存在的案例中,也就是说,在能量随表面的增加而减小的类型的案例中,它照例也是活跃的,从而引起现有边界的消失。

由于这种类型的能量的处所在表面(或外表),所以称它为**表面能**(surface-energy)。依赖于它的现象最清楚地在**液体**和**气体**之间的表面边界中显露出来。它们被称为**毛细现象**(capillary phenomena)。这个奇怪的名字由词 capilla(发须)派生出来,它起源于下述事实:因为表面能,液体在它们浸湿的管子中上升,管子越窄,它们上升得越高。如果管腔像**发须**一样细,那么能够观察到显著的上升。这是名字与事物之间的完整的关联。

147 仿照最熟悉的液体水和最熟悉的气体空气,液体的力学被称为**流体力学**(hydromechanics),气体的力学被称为**气动力学**(aeromechanics)。在毛细理论的名义下表面能的研究形成理论物理学的一部分。虽然先前也把这个分支视为数学问题的工作部分,或确切地讲作用部分,但是在最近的时期,广泛的实验研究也进入这个区域,而且证明有必要从以前的统统推进得过远的抽象或理想化,转移到对于实际现存的复杂性的较为充分的和较为深刻的关注。

第四十九节　热理论

包含在物理学中的能量聚集的各种形式,具有迥然不同的独特的特征。关于诸如把功与热、把电能与动能等等区别开来的多样性的特征,以及关于什么对每一个别的能量来说是独有的基本特征，还没有进行系统的研究。我们确信差异存在着，因为否则就无法区分能量，我们确信这些差异是十分重要的，因为就把某一现象必须归因的能量类型而言很少产生疑问。但是，正如我们没有基本概念的系统的一览表一样，我们同样还没有能量形式的系统的自然史，在这种自然史中，刻画出每一个种类的特性，并按照这些特性 148 如此排列整个材料，以至我们能够获得关于它的普遍概览。

至于热能，它的最重要的和最显著的特征是它的生理学效应。在我们的皮肤中，存在着感觉热以及冷的器官，也就是说，存在着感知高于和低于皮肤温度的温度的器官。然而，这些器官在不损伤自身的情况下能够承受的温度具有十分小的范围，超出这个范围就必须使用各种类型的物理仪器，例如"温度计"。

从多样性的观点来看，热是最简单的能量类型。每一个热的量用温度来标志，正如动能用速度来标志一样。但是，速度是在空间中被决定的，从而相等大小的速度附带地关于方向具有三重无限的多样性，而温度则用简单的数即温度的度数完备而明确地刻画其特征。两个相等度数的温度一点也不能区别开来，因为温度不具有除度数以外的其他可能的多样性。

相同的性质也可以在热能本身中找到。在热能中，我们测量能本身的数量，并称它为**热量**，而在某些其他类型的能中，仅仅测量能够把它们划入其中的因素，没有发展能量本身的习惯的概念。149 热量同样是用它的度量数充分指明的。

热是能量，也就是说，它等量地从其他类型的能量中产生，而且能够再次反过来变为它们，不管它的基本的和普遍的特征，这是在十九世纪四十年代之前还未做出的发现。像在重要的科学进展的案例中经常发生的那样，相同的观念同时到达若干研究者那里。第一个把握和充分领悟这个观念的是海尔布隆的**尤利乌斯·罗伯特·迈尔**(Julius Robert Mager)，他在1842年发表了他的结果。迈尔不仅表明，限制功守恒定律的有效性的不完善的机械(p. 134)，应该把这种特性归因于它们把一部分功转化为热的事实，当我们计及这一部分时，守恒定律完全适用，而且他也异常聪明地从当时现有的物理学资料计算出热功当量。这就是说，他决定了在从一个变为另一个以及反过来变化时，多少热的单位(用当时使用的量度)对应于功的单位(用它的特殊的量度)。存在着在量上不可变的、由功产生且能够转化为功的实物，迈尔没有把这一根本的知识在它的应用中仅仅局限于热。他首次制作了一张尽可能完备150 的、关于当时已知的所有能量形式的一览表，并断定和证明了它们彼此交互变化的可能性。

鉴于各种能量形式在相互转化时的定量等价的这种关系，现在正在做出尝试，以便用**同一单位**测量它们全体。这就是说，任意选取某一容易得到的能量作为单位，并决定它，从而在每一个其他的能量形式中，该单位将等于在它转化为上述能量时从那个单位得到的量。出于形式的理由，选取以每秒一厘米的速度运动的两克的质量的动能作为单位①。它被称为**尔格**(erg)，即能(energy)

---

① 原文如此。尔格是功的单位，为一达因的力使物体在力的方向上移动一厘米所做的功。达因是力的单位，是使一克质量的物体产生一厘米/秒^{2}的加速度所需要的力。功的量纲是克·厘米^2/秒^2=克·(厘米/秒)^2。因此，原文似应为“选取每秒一厘米的速度之平方与一克质量之积的动能作为动能单位”。——译者注

的缩写。这个量十分小，出于技术的理由使用比该单位大 10^{10} 倍的量。使一克水的温度上升一度，所需要的能量等于 41,830,000 尔格。

第五十节　第二基本原理

与热的能量形式有关，还做出了另一个基本的发现，该发现像守恒定律一样，关系到所有的能量形式，但在热中找到它的第一个和最重要的应用。虽然守恒定律回答这样一个问题：如果给定的能量变化，那么出现多少新的能量形式？但是，这没有就这样的变化何时发生给出线索，这个第二定律断定了这样的变化发生的条件，因此它被称为**第二基本原理**。 151

这个定律的发现先于**迈尔的**守恒定律的发现大约二十年，是由法国军事工程师**萨迪·卡诺**(Sadi Carnot)做出的，他不久之后就去世了，未能活着看到他获得的伟大成果被承认。**卡诺**问自己一个问题：正好在那时使用的蒸汽机的作用依赖什么？这把他首次导向一般热机作用的较为普遍的问题。他发现，除非热从较高的温度降低到较低的温度，否则热机不会做功，正像除非水从较高的水平流向较低的水平，否则水轮不能做功一样；他决定了**理想热机**必须满足的条件，也就是说，在这种机器中，功的最大的可能值是从热得到的。然而，具有这种性质的理想机器能够以大相径庭的方式来构造，卡诺的发现在于明确认识到这样的事实：**从热的单位获得的功的量根本不取决于理想机器的独特构造，而是唯一地由热转移在其间发生的温度差决定的。**这是从下述考虑得到的：

首先，理想热机必须是**可逆的**，也就是说，它必须能够以两种 152 方式做功——把热变为功和把功反过来变为热。现在，如果我们有在相同的温度之间的两个热机，如果我们假定热机A从相同的热量产生比热机B较多的功，那么设A以一种方式运转，设B以另一种方式用从A得到的功运转。由于B以给定的热量产生较少的功，从而从相等的功的量产生较多的热，最终将在较高温度处存在比原先拥有的要多的热。但是，经验教导说，**实质上没有什么办法使热在不存在伴随变化的情况下能够上升到较高的温度**。因此，如此构造的热机就产生这一结果而言是不可能的，至于从相同的热量产生比A少的功，B不具有这样的性质。

逆反的过程也是不可能的。为此，我们只需要以可逆方式运转的一对热机，以便得到相同的结果。因此，由于B既不能做比A小也不能比A大的功，所以二者必须做相同量的功——这被证明了。

显而易见，这个证明过程类似于用来建立守恒定律的过程。因为不可能从无任意地创生能量，所以在能量的形式之间必然存在确定的和永远不变的关系。因为能量在静止时不会自发地进入 153 它能够做功的条件，因此机械的效率必须具有确定的和不可改变的值。例如，如果我们能够使热自然而然地上升到较高的温度，那么我们也就能够建造在不消耗的情况下能够始终产生功的永动机。可是，这种永恒运动不可能是从无创生功的运动，而是从处于静止的能中抽取功的运动。根据我们的经验，具有这种性质的永动机也是不可能的，这一不可能性形成了第二基本原理的内容。

从表面判断，这个显然“自明的”命题并没有揭示出，当把它应用到简单但不明显的关系的发现时，它是多么富有成果，在这里只能说，从这个原理的演绎形成了广泛的热力学学科的主要内容，热力学处理热向其他能量形式的变化。我们仅仅必须强调一个事实：正如我们已经在陈述它时注意到的，这个定律的应用未被唯一地禁闭在热的变化中。宁可说，它是在**所有**能量形式中找到应用的定律。因为在每一种能量形式中，都存在着对应于热中的温度的性质，上述能量处于静止还是准备好转变，取决于这一性质的均等还是不均等。这一性质被称为能量的**强度**。例如，在功中它是**力**，在体积能量中它是**压力**。一旦物体中的强度均等，它的能量便处于静止，它永远不会再次自然而然地运动。 154

其中呈现出这些关系的另一种形式是，在**自由**能和**静止**能之间进行区分。如果我们拥有其温度高于周围物体的温度的热量，那么就能够利用它做功，直到它的温度降到周围物体的温度时为止。虽然丰富的能量还存在，但是不再有任何**能够变化**的能量或**自由**能。由于温度差像其他强度差一样具有不断减小的趋势，因此地球上的自由能的量不断减少，可是它仅仅是这种具有价值的自由能。因为所有现象都依赖于能量的变化，而能量的变化只有通过自由能才是可能的，所以**自由能是一切现象的条件**。

第五十一节　电和磁

虽说热能的知识可以回溯到最古老的文明时期，可是电能和磁能却是相对年轻的获得物。二者以其产生的丰硕收获取得了高度发达的技术应用，这一切完全属于最近的时期。

这两种能量形式像上面讨论的那些能量形式一样，主要与可称量的“物质”有关联，但却在微小得多和较少规则的程度上与之有关。虽然迄今不可能使任何给定的物体摆脱热(尽管后来绝对零点被相当逼近)，但是没有电能和磁能却是大多数物体的正常状态。这与电和磁的性质直接是双对称的或**极性的**特性有关。这种性质在任何其他的能量形式中未发现，它能够作为电和磁的特有的科学特征。这种特性在正磁和负磁、正电和负电的概念中出现，它起因于这样的事实：两个相等相反的电量或磁量相加在一起时，它们不产生双倍的数值，而彼此相抵为零[①]。

155

电能和磁能一般仅仅以暂时的状态存在(地球的磁状态是一个显著的例外)的事实，也许是我们没有发展出针对它们的感觉器官的原因，尤其是因为，尽管它们在自然中发生，但是它们的现象仅仅偶尔地在十分罕见的实例(雷暴雨)对我们有所影响。另一方面，现代电技术的发展基于电能的这样的性质，大量的电能凭借该性质能够沿着细导线传送到遥远的距离，而没有任何显著的损失，并在所需求的地方能够方便地转变为任何其他形式的能量。但是，由于大量电能的收集和保存在技术上几乎是不可能的，电器械必须如此构造，以便在利用它们的时刻产生每次所需要的电量。电的主要来源是煤的化学能，首先把煤转化为热，接着把热转化为

156

① 为了外行起见，必须加以注意的是，这些“量”不是能量大小，而是电能和磁能的因子。能本身在它的各种形式中是**唯一为正的大小**，它们的各种量相加的结果总是它们的数值之和，从来也不是它们的数值之差。所谓负号被理解为与**接收**的能截然不同的**消耗**的能。因此，它无非是数学运算的指示。

机械能,最后把机械能转化为电能。这一极端迂回的过程是必要的,因为把煤的化学能直接转化为电能的在技术上可行的方法迄今还没有发明出来。另一方面,机械能能够被容易地和完全地转变为电能。“水力”的开发正是基于这一点,水力的能量除非大容量地转变为电的形式,否则无法利用。

第五十二节 光

在我们的时代,光的案例似乎类似于声音的案例,虽说它在人身上有它的特定的感觉器官,可是它还没有独特的能量形式,而被发现是处于振荡的或相互变化的状态的机械能的组合。似乎极其 157 可能的是,光也不是特殊的能量形式,而是电能和磁能的独有的振荡的组合。的确,证明的循环依然不是完全闭合的,但是缺口变得如此之小,以至上述讨论无论如何可以作为高度可能的来接受。

不管情况可能怎样,按照已知的定律,光是极其迅速地穿越空间的能量。我们将称它为**辐射能**,因为在视觉上可见的部分——名称光在它的最初的意义上仅仅属于这一部分——代表了宽广域中的极小份额,而这个域的性质从一端到另一端是完全连续地变化的。

辐射能的特征被刻画为振动的或像波一样的过程。只要这个事实是未知的(直到十九世纪初),人们便以为,光是以上面提到的惊人速度、通过空间沿直线发射的微小球粒子组成的。后来,为了“说明”在其间逐渐认清的它的波动性质,才假定它是由于所谓**以太**(ether)的无孔不入的事物之弹性振动引起的,除此而外我们对以太一无所知。在我们的时代，弹性波荡理论被摒弃了，而有利于受到十分显著的实验根据支持的电磁理论。无论是否将用不着158 它，迄今还不能以任何确定程度预言超过光的旧理论（或者宁可说假设）的结局。

辐射能在与人的关系中具有十分引人注目的重要性。像光一样，它借助相应的接收器官眼睛，作为比任何其他能量形式更多样的在我们身体和外部世界之间交流的工具。从宇宙空间的尽头传播给我们的能量，标志着我们以无论什么方式认识的最远的限度。最后，从太阳辐射到我们这里的能量供给自由能，地球上的有机生命正是靠消耗自由能维持的。甚至在煤中贮藏的化学能，无非相当于以前的太阳辐射的积累，太阳辐射通过植物转化为化学能的恒久形式。

最近，其他新发现的辐射能的形式添加到光中。它们在形形色色的环境中被产生，一些物体持续地辐射它们。对这些极其多样的和非同寻常的现象的科学说明还未进行得如此之远，以至能够把它们还原为毋庸置疑的体系。但是，情况似乎已经如此明显，159 它们恐怕不是全新的能量形式，而宁可说是可以产生一种或多种作为组成部分的新能量的真正合成的现象。但是，不管这些新射线的特性，迄今还没有证明某些事物违反守恒定律本身。

第五十三节　化学能

由于化学能仅仅是几种能量形式之一，因而似乎没有正当理由把它分配给一门特定的科学，因为所有其他能量形式必须在物理学中结合在一起。

化学作为一门专门科学已经具有许多亚分支，但是化学的实际存在首先受到下述外部事实的辩护：在实践生活和工业中，与物理学的整个领域相比较，化学占据着十分广泛的领域，即使不是至高无上的领域。其次，从心理学的观点来看，人们发现，化学家的推理和工作方法与物理学家的方法如此不同，以至这一个部门为此之故似乎也秩序井然。最后，在化学能本身的性质中，存在着把它与其他形式区分开来的重要差别。

例如，仅存在一种形式的热或动能，在电中仅存在两种形式的极性对立，而化学甚至在最大的理论还原后还具有至少约八十种形式，也就是说，存在多少**化学元素**，就有多少形式。元素不能相互变化[①]的实验定律也限制了化学能的相互变化，从而刻画出这些形形色色的形式的独立性之特征，由这个结果引起不相称地较大的关系多样性，这些关系在千千万万的个体化的化学实物或组合中找到它们的表达。 160

在与众多化学元素的性质和交互关系的关联中，迄今发现的这种巨大的多样性和稀少的规则性，使化学比理性科学（rational science）更加是描述性的。只不过在二十年前，开始了最早的和成功的尝试，以便把物理学的比较严格的方法应用到化学现象的研究中。就这些劳动而言，它们产生了许多深远的和综合的原理。

化学在人们生活中的意义是双重的。首先，人的身体的能量

① 后来，在个别例子中观察到元素的相互变化，但是由于变化处在这样独特的环境中，以至我们暂时不需要考虑这些仅仅刚刚开始的发现。

恰如所有其他生命有机体的能量一样，主要依赖于化学能以最多样的形式的作用。因此，在整个物理科学中，化学对于生物学、特别对于生理学是最重要的。其次，正像我数次强调的，化学能具有161 独特的性质，这种性质能使它**保存**很长的时间，而不变为其他形式和消散。进而，这种形式的能容许最强大的**浓缩**。与任何其他形式的能相比，更多的化学能能够被存储在给定的空间。于是，可以认为这两个性质是有机生命主要借助化学能构成的理由。无论如何，正是由于这两个特性，化学能用来作为在工业中使用的几乎所有能量的最初来源。

进而，化学能的多样性是用来把它转化为其他形式的特别方式的原因。在其他形式的能中，转化能够由物体本身实现。不需要其他事物。如果扔出石块，它击中墙壁，那么它失去它的动能，大部分动能变成热。但是，为了释放比如说煤的**化学**能，**只有**煤还是不充分的；需要**另外的**化学实物，即空气中的氧。两种实物的相互作用产生新的实物，只是在这一过程期间，化学能的相应部分才释放出来。也有几种化学过程(同素异形的和同分异构的变化)，在这些过程中，单一的实物在不与另外的实物协同的情况下能够162 放出能量。但是，与两种或多种实物相互作用释放的能量相比，这样获得的能的量是无限小的。由于两种或多种实物在放出化学能时配合的必要性，因而化学能转化的机会比其他形式的能转化的机会更少，这是它能够如此长时间、如此容易保存的主要原因。必须做的一切是防止与另外的实物接触。这的确是一个问题，从严格的理论精密性的观点来看，要解决这个问题几乎是不可能的。然而，在实践中，至少在足够长的时间内能够容易地解决它，只需要特殊的手段使人们认清，它仅仅是暂时的而不是根本的解决办法。用科学语言来表达，其原因在于，在理论上从来也不能完全消除各种物质的相互**扩散**，而在另一方面，在超过仅用分米度量的距离，扩散的速度是极低的。

第　四　编

生物科学

第五十四节 生命

163

在我们周围的是可称量的和具有质量的物体中，有生命的生物如此截然分明地与无生命的东西区别开来，以至在大多数情况下，我们丝毫也不怀疑，一个物体属于这一类还是属于那一类，即使在一些案例中我们碰巧不熟悉它的独特形式。因此，我们首先必须一般地回答这个问题并讲述，什么突出的特性把它们相互区别开来。

第一个特性是这样：生命有机体不是**稳定的**(stable)形式，而是**不变的**(stationary)形式。这一区别是基于下述事实：稳定的形式是静止的或在它的所有部分不可变化的，而不变的物体虽然在它的形式方面似乎是不可改变的，但在内部它的部分却经受不断的变化。因而，黄铜龙头是稳定的物体，因为它不仅恒久地保持它的形式和功能，而且在所有时间由同一材料构成，显示出相同的特性，例如色彩、形式上的欠缺等等。确实不能说，它将在所有时间依旧完全不变化。它的熔化经历了逐渐的化学的和力学的变化。164 但是，这对于龙头的存在来说并非是必不可少的，因为变化随环境大大改变，如果条件是理想的，就能够把变化减小到零。

另一方面，来自龙头的水的喷射是不变的物体。在有利的环境中，它能够呈现恒定的形式，以至在草率一瞥时可能把它误以为稳定的玻璃棒。仔细地审查时，将发现形成它的水的一部分在任何给定的时刻与先前的时刻并非相同，流走的部分被恰恰同样大的紧随它的另一部分代替了。

两种物体行为的差异起因于它们的性质的这一差异。如果我用锉刀在龙头上锉一道刻痕,那么刻痕依旧永存。但是,即使我用小刀切断整个水的喷射,切口也在下一时刻愈合,由于水连续流动的缘故,切断的地方不断地从水体中消除。鉴于不变的物体这一独特本性,它们**具有愈合或再生**的能力。

对于在不变的条件下恒久地继续的物体来说,必须恒久地**供给**构成它的材料。如果我们关闭龙头,水的喷射立即消失或"死亡"。因此,显而易见,只有当不变的物体具有给它自己不断提供 165 必要的材料时,它才能够用它自己的方法继续存在。这种材料主要是由具有确定的物理性质和化学性质的可称量的或化学的实物组成,从而**实物的变化即新陈代谢**看来好像是不变的物体的必要性质。然而,为了新陈代谢应该发生,我们必须拥有自由**能**,或具有做功能力的能,因为只有自由能,才能够使实物变化,正如世界上的每一个现象隐含自由能的均等一样。因此,要使不变的物体独立存在,就必须具有能够自发地获取必要的实物或自由能的性质。但是,正如我们已经说过的,因为有机体的能量主要以化学能的形式被存储和利用,所以不变的物体不得不完成的两项任务即满足对实物和能量需要的任务,通常在外部结合起来。在有机体中,这两个结合在一起的必需被称之为**营养**,从而我们在**自我获取营养**的能力中辨认出有机体的另一个基本性质。

有机体的第三个基本性质是**生殖**的能力,即产生相似生物的能力。不变物体的吸收和消耗之间的平衡由于某些外部原因会受 166 到干扰,这并非永远不可能,但即使在不正常的条件下,它也具有自我营养的能力。如果干扰依然在某一程度之下,那么正如我们说过的，再生便开始了。但是，干扰可能升高到那个程度之上，在这种情况下物体不再存在或死去。于是，相似的物体将不出现，除非导致第一个起源的多种多样的必要性将再次组合起来产生第二个。这样的事物是可能的，事实上它往往发生，例如海洋的波浪证明了这一点，波浪具有不变的特征，其原因在于，尽管它们是由不断变化的水的质量构成的，可是它们的形式依然未变。波浪在碎浪中消失，但是一而再地通过风的作用升高到水的表面之上。但是，这样的物体越复杂，它们越不大容易形成，而一旦它们被形成并找到它们存在的条件，它们的保持便容易得多。

因此，具有由自身规则地、在恰当的时间形成相似的物体的存在物，与那些缺少这一性质的存在物相比，能够容易得多地保存它们的物种。让我们通过实例举出另一个不变的事物火焰。火焰不是有机体，因为它不是自给的。但是，它增加自己。虽然一丁点火焰不久就熄灭，但是从一点火星开始使森林燃烧起来的火海却几乎无法扑灭，除了让它自然死亡，烧到尽头，不能用任何其他办法与之斗争。 167

因而，头两个条件即不变的变化和食物的自我供给的满足，能够产生可以在或长或短的期间存在的，但却会被其他具有不同形式和本性的物体代替的物体，而繁殖能力则创造出条件，从而形成甚至在个体不再存在之后还继续存在的**同一物种**。

这三个性质构成有生命的事物或有机体的基本特征。

有机体完全在化学能的基础上被构造，这是一个经验事实，可以把这一事实理解为隐含着其他形式的能不能产生上面提及的条件。这是由于我已经要求注意的化学能的性质：它的巨大的浓缩，与此同时它的长期保存的能力。化学能是适合于生命的唯一的能量形式,这从下述事实可以明显看出:例如在飞艇航行中,沿航向前进所需要的动能只能以汽油或氢的形式供应,也就是说,以化学能的形式供应,因为任何其他形式都可能过重。蜜蜂的飞舞或海豚的游水除非通过化学能引起,否则无法想象。

168

经验也确立了,这种化学能基本上是**碳**的能,尽管它不是完全普适的,因为硫化细菌把它们的家庭建立在硫的能之上。偏爱碳的原因可以再次在它特别合乎目的中找到:一方面由于它的广泛的分布,另一方面由于它的组合的极其多样性。

最后,能够证明,有机体由固体和液体实物的独特组合构成同样是由于技术的关系。

因此,这三个最后命名的特性,被看作是我们在地球表面在此处通行的条件下了解的**有机体的特殊的特征**。我们不需要把它们视为在概念上不可改变的或不可替代的。但是,我们可以认为,头三个特征,即不变的本性、营养的自我供给和繁殖,是**有机体的基本特征**。它们构成在其中必定找到每一事物的框架,我们应该在最广泛的意义上承认这一切是有生命的。

第五十五节 自由能的仓库

如果我们询问,有机体从何处得到它们为维持它们的不变的存在所需要的自由能,那么答案是,唯有**太阳辐射**提供这一供给。没有这种持久的供给,就我们所知而言,地球上的自由能很早之前就会达到平衡状态,地球上的物体就会是稳定的,也就是说,是死

169

的和并非不变的、并非活着的。

因此，可以理解，在有机体中机制应该进行得有利于把**太阳的辐射能转化为恒久的形式**，正如我们已经知道的，化学能是恒久的，而辐射能是极其短暂的能量形式，也就是说，它十分容易变化。由于从白天到黑夜的变化，辐射能的供给周期性地中止，正是这一事实使得在夜晚能量的储备对于依赖于它的形式的存在来说是必不可少的。于是，在**光化学**过程中，即在辐射能向化学能的转化过程中，我们认清了地球上的生命的基础。

这项工作是由植物完成的，从而植物不仅为它们自己的需要，而且也为使之直接或间接占有植物-化学供给的所有其他有机体，提供了自由能的储备，以便为它们个体的目的而利用这些供给。对于所有基于来自太阳的自由能的规则供给的有机体来说，以这种方式保证了最广泛意义上的滋养。这也说明了所有有机体的巨 170 大的化学类似性，如果有机体未被构造得能够利用植物提供的那种形式的化学能，那么它就无法生存。

在从太阳源源输送给宇宙空间的自由能的巨流中，地球只接收到极小的份额(对应于在从太阳观看时它在天球中占据的那一丁点空间)，植物收集和贮存的只是地球接收的这一份额中的十分小的部分。测量表明，在最有利的环境下，植物叶子只能把它接收的辐射能的约 1/50 转变为化学能。如果我们考虑到，地球表面只有一小部分覆盖着植物，在冬天根本不储备来自太阳的能量，那么我们察觉到，在截留和储备自由能方面，还存在着多么无限的发展可能性。植物储备的部分从这些植物流向其他有机体的无数的溪流、小河和支脉，最后作为耗尽能或静止能而告终。的确，这种能量仅仅在与地球表面的关系中是静止的。我们不知道,从地球发出的辐射——它现在大约相当于从太阳到地球的辐射那么多——本身是否在某些地方被利用。

虽然自由能以这样的溪流在一个方向涌来,但是用以构成有171 机体的可称量的实物却通过植物和动物并再次回复过来而**循环**。这对于碳来说尤其为真,碳脱离了它与氧的组合,即脱离了碳酸气,借助太阳能在植物中被转化。当碳用来建造植物体并贡献出它的化学能供给时,氧则重返空气。这两种实物再次在各种有机体中化合,在它们分解时所必需的能量再次供生命的多样性功能之用。化合的产物碳酸气重返空气,为在植物中重新分解做好准备。

这样一来,生命的整个机制能够与水轮加以比较。自由能对应于水,水必须在一个方向通过水轮流动,以便为它提供必要的做功量。有机体的化学元素相应于轮子,轮子不停地循环转动,以至于它把落水的能转变为机械的个别作用。

第五十六节 心灵

我们的观察迄今表明,有机体是物理化学机构的极其特殊化的个别例子。现在,我们必须考虑把它们与无生命的机器似乎显172 著区别开来的性质,正是在我们的专论的开头,我们已经碰到这个性质。

就是这个性质,我们称其为**记忆**,我们将以十分普遍的方式将其定义为这样的质:借助这种质,在有机体中宁可重复发生若干次的过程，而不是选择新过程，因为前者比较容易引发，比较顺利地继续进行。显而易见，由于这种性质，有机体仿佛用龙骨船装备起来一样，能够在物理可能性的海洋上航行，于是航海才变得平稳，并保持所采取的航线。

如果我们问，这是否是有机体的唯一的质，那么还不能肯定地回答这个问题。无生命的物体也有某种像适应的质一样的东西。准确的钟只是在它走了一段时间后，才能获得它的有价值的质，最好的小提琴是“处于自然状态的”，直到它被“损坏”之前。在储蓄器能够完成它的正常的做功量之前，必须“形成”它。所有这些过程是由于相同过程的重复改善该作用的事实，也就是说，重复促进或增加了作用。

于是，适应或记忆并不限于有机体。不过，在无生命的事物中，这种性质是比较罕见的。因此，记忆被视为代表无机可能性的极其特殊化的有机体的另一个性质。这是接着而来的一个重要 173 观点。

首先，这种适应的性质促进和保障了滋养。如果我们采纳达尔文(Darwin)发展的基本观念，即由于其性质持续最长时间的生物在世界上处于支配地位，那么显而易见，有目的地保存和精制其滋养的生物体将比没有这种性质的相似生物体生存得较长久。不过，由于普遍的适应过程，这些“目的论的”性质在生活得较长久的生物体中更大地发展了，并且更容易运用，以至它的长久的生命给予它以高于它的竞争者的另外的优势。因此，我们能够理解，乍看起来被设想是纯粹物理化学的质的这种适应性质，为何在所有有机体中得以发达起来。

在它的最原始的形式中,适应的质产生了**反应现象**或**反射**作用,也就是说,在对外部能量的刺激的回应时在有机体中产生了一系列过程。这种回应是在有机体生命的进展中完成的。只是针对有机体频繁地和规则地经受的刺激,对某一目的有用的反应即目的论的反应才自然地得以发展。这就是对于异常现象的适应一般缺乏的原因,有机体相对于这些现象往往极度无能为力。这方面174 的典型例子是蛾子,它飞向灯火而被烧死。

随着反应变得比较固定,它们发展为较长的和较复杂的系列,于是在我们看来这好像是**本能的行为**。但是,在这里,当罕见的环境出现时,即使对刺激的有目的反应变得更为多样,我们也发现特有的不适宜。

最后,存在**有意识的行为**,这在我们看来似乎是系列的最高程度。本书处理的,正是这些有意识的行为的目的论的规则性,包括人类的十分高级的活动。它们与本能的行为的区别在于下述事实:它们不再以单一的和确定的系列进行,而是在紧急时以最为多样的方式结合在一起。但是,基本的事实,即行为基于一致的经验的重复,也立即在这里出现了,因为心灵的整个意识生活的基础即**概念**的形成,只有通过**重复**才有可能。这样一来,我们有正当理由认为,从最简单的反射表现到最高级的心理行为的各种程度的内心活动,都是从相同的生化的和生理的基础出发的、日益多样的和有意图的行为之相关系列。

第五十七节　情感、思维、行动

有健全的理由一般地假定，有机体并非总是它们现在这个样子，而是从以前的较简单的形式“发展而来的”。无法决定最初是 175 否存在目前的形式从中起源的一种或几种形式，也无法知道生命起初是如何在地球上出现的。只要关于这个问题假定在结果中未导致决定性的、实际上可证明的差异，对它的讨论就是无效的，因而是不科学的。通常的进化一词，就它意指某种已经存在的事物的出现而言，是无意图的。另一个概念更可取，按照这个概念，**被改变的**生存条件的影响产生了变化的最重要的因素。

有机体经历的变化总是处在确定的方向上。已进化的形式越来越复杂和多样，比以往任何时候更加专门化的生命的功能刻画了这些形式进化的特征，以至每一个特别发达的器官开始仅仅完成一种功能。确实，借助这些方法，有机体更充分地适宜于完成这些功能，但是与此同时，它也变得更加易受伤害，因为它的生存依赖于许多不同器官的恰当的同时行动。因此，这样的进化只能在生命一般的条件逐渐变得比较稳定时发生，从而干扰的危险变得较少。我们习惯于认为，在这个方向上的变化是更高的发展，而组织的逐渐简化（例如在寄生生物中就是这样）是倒退的步骤。 176

因为我们关于什么构成较高级的和较低级的有机体的观点具有毋庸置疑的任意性，所以让我们询问，是否没有可能找到一个**客观的**标准，用来度量不同有机体的相对完善程度。当我们考虑下述情况时，就必须肯定地回答这个问题。因为在地球上可以得到的自由能的量是有限的，所以比较完全地、以最小的损失把供它处置的能量转化为对它的生命功能来说必需的能量形式的有机体，必须认为是比较完善的有机体。事实上，我们观察到，随着有机体的复杂性的增加，多半也存在着在那个方向上的日益增长的改善，因此我们能够说某些生物比另一些生物完善。这种观点在**人类的**进步的进化中尤其有意义，可以说，这好像是一切文明的普遍标准。

有机体的完善在与外部世界的关系中以**感觉器官**的发展显示出来。虽然单细胞动物几乎唯一地对化学刺激做出反应，有时也对光刺激做出反应，并且以它的身体的整个表面接受刺激，可是身体的特定部位越来越向完善发展。这些部位是特别容易对适当的177 刺激回应的部位，也就是说，是以日益较少的能量消耗对它们做出反应的部位。于是，接受刺激的地点与反应发生的地点分隔开来，二者通过**传导路线**即神经关联在一起，能量过程就在神经中出现。我们目前对这个过程的知识还留下许多想望的东西。它是以相当大的速度，但决不是异常迅速地(大约每秒十米到三十米)沿传导路线运动的过程。在这个路线的一端，它是由各种类型的作用引起的，主要是由特定的能量的作用，感觉器官正是为此而发达的。在另一端，它释放特殊的效果。毫无疑问，在这里，我们在每一个例子中都有与**释放**相关的，即与处在准备好变化的端点的其他能量作用相关的能量转换的情况。在这里，不存在正在释放的和已经释放的能量的各种类型之间的相等，甚至几乎不存在比例关系，尽管二者同时增加和减少。

在神经中传播的能量形式是什么，这一点还是未知的。或者它能够是仅仅在这里给予的条件下才出现的特殊形式(例如,正像伽伐尼电流只有在确定的化学和空间条件下才产生),或者它能够是已知能量的特殊组合,像在声音中那样,大概也像在光中那样。很可能,在某一天,我们将拥有比较准确的关于神经过程的知识,这将解决上述问题。 178

当这样的过程是由来自外部的能量冲击引起时,它可以产生各种结果。在最简单的案例中,它释放相应的反应,恰如在接触敏感植物的叶子时,它们闭合起来一样。或者,它像本能行为那样,可以引起相互接续的过程系列。最后,或者它可以完成一系列的内部过程,这些过程导致这一刺激的微小差异的极度分化,导致具有成功预期的相应等级的行动。我们称这为有意识的思维、意愿和行动。

柏拉图(Plato)在心理生活和物理生活之间做出基本区分时铸成大错,由于这个错误的长期影响,我们在使自己习惯于最简单的生理活动和最高级的理智活动之间的规则关联的思想时,经历了极大的困难。而且,这一对照被机械的假设加以强调。如果我们像在能量科学中描述的那样,抛弃机械的假设而固守摆脱所有假设的经验概括,那么这一对照便会消失。即使我们退一步,承认不可能把思想设想为**机械的**,可是在把思想设想为**能量的**(energetic)却没有什么困难,尤其是因为我们了解,心理功能与能量的消耗和耗尽有关,正像物理功能与之有关一样。然而,对这个论题 179 的阐释几乎完全在于未来,因为刚才提出的观念仅仅才开始影响这个领域的科学工作,但是从已经获得的结果来判断,我们可以希望迅速地发展。

第五十八节 社会

有机体繁殖新生物必须在旧生物附近开始恢复活力，这样的外部环境本质上是同一种族的生命有机体局限于某些地方的封闭群形成的原因。但是，如果它们生活在一起的长处在重要性上没有超过具有为生计竞争的狭隘地域的短处，那么它们就变得散布开来。于是，在这方面，我们看到不同行为的不同植物和动物。一些种族尽可能大地孤立生活，而另一些种族则形成共同体，即使没有机械的纽带通过共同的覆盖物把它们团结在一起。

因为第二种情况在高度显著的程度上对人来说是真实的，所以他的社会的特征和需要形成生活的巨大的和重要的部分。进而，由于人的社会化以日益增长的文明获得了连续的进展——我们只需要想一下先前的小群体和部族发展为国家，以及目前人类最重要事务的十分活跃的国际化，尤其是想一下科学就可以了——因而社会问题也在人的生活组织中占据更重大的地位。

180

把人与其他动物，甚至最高等的动物最基本地区别开来的，是他的完善能力，在较低等动物中，至多它的**自我保存**能力才能与之相应。在我们对其具有任何历史知识的短时期内，动物的组织显然依然基本上没有变化，而人类的世界却以十分显著的方式变化了。这种变化在于外部世界日益服从人的意图，依赖他的能力日益社会化。

记忆和遗传(后者只不过是记忆向后代的延伸，这被想象成较年长的有机体的一部分)首先仅仅保证种族的保存和在通常的模式标本(type)中新个体的更新发展。如果特别有天赋的个人成功地取得了较大的成就,那么他可以在有利的环境下把这种较高造诣的能力传递给他的子孙。但是,只要这样的个人的活动的其他方面结果未遭受剥夺,他们就在生存斗争中获得优势。由于受个人支配的能量是有限的,因此每一项异乎寻常的成就都包含相应的**片面性**,只要某些尺度稍微超出范围,它将引起其他功能的减小,这将使个人在生存斗争中较少适应。但是,这仅仅就个人必须 181 **独自**生活来说才正确。只要他成为以他的独特活动使之得益的社会组织的一员,该组织便以它的集体活动补偿了私人的劣势,社会共同体不仅为这样的社会发展找到机会,而且它甚至激励和促进这些发展。

我们已经看到,这样的表现发生在有机体自身之内。依赖于感觉器官较高敏感性的较高功能,只能够在牺牲上述感官的普遍功能的情况下才能达到。所有在像蜜蜂和蚂蚁这样的组织起来的生物中,我们都观察到这一事实,这展示出服从群体的个体在功能方面的高度专门化;专门化往往被推进得如此之远,以至仅仅单个群体不再能够独自生存下去。只是作为一个整体的组织,才能够持久地存在。

这样的优良功能的进化包括相应的分化,从而包括优良功能在社会结构中的**分工**和**分离**,而**交流**和**相互支持**的必要性又导致个体和群体的**接近**。因此,在每一个社会中,离心力和向心力同时在相应协作和彼此对抗中起作用。一方面极度的专门化似乎有利 182 于个体最佳地发挥作用,而另一方面它使整个集体结构变得更加依赖,从而更多地遭受损害,蜂王的例子表明了这一点,它的离开威胁到整个蜂群的存在。这样一来,分化的适中程度将作为一个普遍法则产生最持久的社会结构。

第五十九节 语言和交往

社会组织的基本价值寓居于这样的事实:个人的工作就其适应于社会组织而言自然增长得有益于整个集体。为此,绝对不可或缺的是,集体的成员应该能够**相互交往**,以便可以使普遍活动的每一部分与其他部分交流。这种交往通过最一般意义上的语言而达到。

我们已经获悉,语言的本质在于概念与记号的配位。语言的社会应用要求,在使用中与概念配位的记号应该对社会组织的所有成员都相同。只有以这种方式,社会成员才能使他们自己相互理解。但是,明白的交流手段和劳动分工把一类独立的存在给予183 以书写记载下来的社会知识。许多世纪之前,一个个人在他的记忆中储备人类知识的整个库存已不再可能了。现今,我们只拥有精通孤立科学的单个部分的人,集合的知识乍看起来好像是仅以思想存在的统一体。但是,因为这种知识以耐久得远远超过个人生命的记号记载下来,而且在适当时刻,甚至在长时期不活跃之后能够展开它的整个力量,所以它的存在获得了独立于个人的社会特征。虽然它比个人活得长,但是它却不能幸免于人类社会的消亡。

由于全部人类的社会化进展到更大的统一体,因而源于以前进化阶段的语言的局限性证明是一种障碍。不用说,母语对于个人进入共同的知识库存是首位的和最重要的。但是，鉴于我刚刚讲过的语言的局限性，在我们的时代以新生的热忱继续努力，以便创造**普适的辅助语言**(p. 100)，借助这种语言应该有可能使交往超越语言界限。在这里，已经有了使人满意的结果[1]。

第六十节　文明

184

有助于人类社会进步的一切东西都被恰当地称为文明或文化，进步的客观特征在于改善为人的意图获取和利用自然界中的天然状态的能量之方法。因此，当原始人发现，他通过把木杆捡到他的手中能够扩大他的肌肉的能量的半径时，这是一个文化行为；当原始人发现，他通过扔石块能够把他的肌肉的能量越过许多米的距离发送到所期望的地方时，这是另一个文化行为。刀、矛、箭和所有其他原始工具的效果，在每一种情况下都能够称之为有目的的能量转换。在文明的尺度的另一端，最抽象的科学发现由于它的普遍化和简单化，对于所有可能与该事情有关的即将到来的多代人来说，都意味着相应的能量经济。这样一来，像在这里定义的进步的概念，实际上包容人类为完善而努力的整个区域或文化的整个领域，同时它表明能量概念的巨大科学价值。

---

① 目前，“伊多语”(Ido)是最好的。它是一种高度可实用的人工语言，它的倡导者成功地使它条理化，以保证它的正常发展。所谓的“世界语”(Esperanto)是一种较老的，还在相当广泛传播的形式，它没有把自己组织得足以保证它的发展，它必然不可避免地要死亡。

如果我们进而考虑,按照第二基本原理,我们可以得到的自由能只能减少,不能增加,而其生存直接依赖于自由能应有数量的消185 耗的人之数目持续地增长,那么我们立即看到在那个意义上的文明发展的客观必要性。他的预见使人处于文化地行动的位置。但是,如果我们从这一观点审视一下我们的目前的社会秩序。我们恐怖地认识到,它依然是多么野蛮。不仅屠杀和战争消灭了文化的无可替代的价值,不仅不同国家和政治组织之间发生的无数冲突反文化地行动,而且一个国家的各个社会阶级之间的冲突也是这样反文化地行动,因为它们摧毁了自由能的量,这从而离开了真正的文化价值的总和。现在,人类正处在这样一种发展状态,进步在其中不用说不依赖于几个卓越的个人的领导,而依赖于全体工作者的集体劳动。这方面的证据在于,越来越多的事实即将到来,即伟大的科学发现同时由若干独立的研究者做出——这表明社会在几个地方创造了这样的发现所需要独特条件。于是,我们正生活在这样一个时代:人就其本性而言正在逐渐地彼此十分接近,因而社会组织要求和力争在所有人的生存条件方面尽可能彻底的均等。

附　　录

个体性和不朽

F. W. 奥斯特瓦尔德

我应邀到英格索尔讲座(the Ingersoll Lecture)就不朽发表演说,当这个巨大而意外的荣誉达至我之时,我的情感是相当复杂的。首先,我不用说感到自豪,感谢把这样一个责任重大的任务交给我。其次,我不仅对给予我以邀请荣誉的人,而且对主办发表讲演的机构感到深挚的敬重。按照惯例,科学家的任务是分析不顾任何先入之见的经验事实,他将不寻找与一代一代地传下来的观念——这些观念变得历史悠久,令人肃然起敬——一致的结果,这不仅是因为它们年代久远,而且也因为它们对人类发展具有影响。在这里,由于它们的实际联系,不仅在这样的可能差异的出现中,而且也在科学家把他的犀利的和无情的研究工具应用到使我们感兴趣的课题的纯粹事实中,都存在着某种危险;与此同时,它们对我们内心来说又是亲切的,与我们的最深厚的和最热切的情感紧密地关联在一起。

这样的考虑并未妨碍邀请,这个事实再次表明,现代人多么深刻地信服真理的最终的审慎性。不管对真理的无偏见的追求可能把研究者导向何处,如果他的工作是诚实的科学家的工作,那么它必定而且将最终是为人类的利益的。我们的知识是拼合物中的一个不完备部分;但是,我们之中每一个人却不得不尽可能利用他所拥有的不完备知识,而且总是意识到,他的结果任何一天都易于被新发现或新观念取而代之。于是,如果我正确地理解主管英格索尔讲座的权威的话,那么他们会认为下述做法是正当的:该课题应该从每一个可能的观点来研究,从而确信这是能够促使我们越来越接近终极真理的唯一道路。

如果询问今日的化学家或物理学家关于不朽的观念,那么他首先会感到某种惊讶。他在他的与这个事情相关的工作中没有遇见这个问题,他的答复通常可以在两个项目之一下归类。他可能记得从青年时代以来就缠着他的宗教印象,尽管情况也许是,他还保持着生动的印象,或者早就忘却了,于是他将说明,这样的问题无论如何与他的科学无关;因为他的科学处理的对象是无生命的物质。这在物理学中是显而易见的,而在存在有机化学时,他将说明,任何在他的意义上称为有机的物质,在它能够变成他的研究对象之前,显然是死的。使他在科学上关心的,仅仅是世界的无生命的部分,他就不朽问题可能持有的任何观念是他的私人看法,与他的科学完全无关。或者,他可以从他的物质和运动的立场出发,通过下述更简要的说法打发走他的对话者:心灵仅仅是活着的物质的功能。当生命在有机体中结束时,这种功能的价值变为零,从而不存在进一步的关于不朽的问题。

此刻我正站在你们面前,准备发表英格索尔讲座演说,正是这个事实表明,依我之见,就这个问题要说的东西比包含在这两个回答中的要更多一些。我不打算遵循第一个答案的路线,也不打算以辩解的方式说明,虽然物理科学未就不朽说过一句话,但是它并没有把任何可能的透视关在大门之外,而要留给人思考与相信任何通过特殊考虑使他清楚地认识到的东西。这种立场是切实可行的立场，下述事实证明了这一点：甚至像迈克尔·法拉第(Michael Faraday)这样伟大的科学家，在他的整个漫长的和无比富有成果的生涯中也坚持它。

除了通过给予简明的、特征性的答复而达到的立场外，还有必要研究其他很少提及的立场。正如我最近十年一直主张的，必须从它的真正的基础重申，物质和运动理论(或科学的物质论)增长得超过了它本身的范围，必须用另一种理论，即赋予其以**能量学**(Energetics)名称的理论代替它。因此，问题采用这样一种形式：能量学就不朽不得不说些什么？

如果我们询问，人和甚至最高级的低等动物之间的差异取决于什么性质？那么我们从不同的人那里得到五花八门、形形色色的答案集合。但是，当把除纯粹经验的考虑之外的所有考虑撇在一边时，我们发现，这个差异依赖于**不同的记忆发展**。记忆是学习的必不可少的先决条件，人的文化之所以如此大大高于任何动物的文化，只是因为他的记忆非常健全。记忆帮助人了解，在危险趋近时或需求必须被满足时如何行动。借助记忆，他学会在善和恶之间作出区分。记忆不仅有助于人审视不再能够随意改变的过去，而且有助于人审视可以变成有利于他的未来。如果他知道事物如何发生，他便能够在仅仅观察事件先前部分的情况下，预见事件的后来部分。他在任何给定时间能够概览的连贯事件的系列可以是短系列或者长系列，相应地他的预言能力将或小或大；但是，在每一个案例中，他都能够作为一个预言者行动，尽管也许并非总是十分强有力的预言者。

在最广泛的意义上,甚至在最低级形式的动物生命中,事实上在所有有机生命中,都可找到记忆。正如赫林(Hering)早在很久之前指出的,记忆是所有活物质的普适功能,倘若把该词的意义扩展到它的适当的普遍性的话。因而,记忆的拥有意味着,与任何其他过程相比,相同的过程和重复变得更容易,或者更早出现,或者更迅速地发生,我们不了解这个性质的原因可能是什么,从物理化学的立场看,任何例子或类比的建构都不是容易做的事情。没有不应该这样做的理由,不过似乎有可能,我们也许在某一天找出自然在形成记忆时使用的真正工具。然而,在目前的研究中,问题的这一部分并未直接引起我们的关注。

令人惊异的是,考虑这个性质如何能使我们理解有关活着的生物的某些十分普遍的和重要的事实。有机体形成纲和种(classes and species)是这个性质的结局,这是因为,如果已经完成的行为的重复不比做某一新东西容易的话,那么不论动物还是植物都不会保持恒定的形式或恒定的习惯。该过程类似通过荒野的小径。仅仅能够辨认出以前的漫游者的足迹这一事实,就是以促使后来的漫游者保持相同的路线,尽管他可能会找到另一条比较方便的道路,倘若他使自己踽踽独行的话。第三个人沿着他的前驱走过的地方前进,路线于是变得越来越一目了然,偏离它变得愈来愈困难,以至不可能出现。我们可以想象导致物种起源和维持它们的相对恒定的、具有相同类型的性质之过程。

在这个普遍观念中,十分重要的一点是记忆从双亲向后代的传递。借助这个相同的记忆概念,可以在某种程度上使得巨大的遗传之谜接近解决,这个谜曾经促使达尔文(Darwin)在没有相应结果的情况下如此冥思苦想。关于生育和繁殖事实的普遍观点向我们表明，后代的生命正好是双亲的生命的延续。在单细胞中，繁殖通常采用简单分裂的形式；细胞核本身首先分裂为两个相等的部分，此后整个细胞立即一分为二。在这个案例中，不可能告诉，两个细胞中的哪一个是亲本，哪一个是后代，因为两部分在整个分离过程中始终是相像的，二者之中的每一方都可以以相同的权利要求与另一方有关系。

二者之中无论哪一个都不能说，亲本细胞在产生两个后代细胞时死去了。从单细胞阶段向两个分离细胞的转变是十分连续的转变，不存在旧细胞消失或不再存在的时刻。原来的细胞没有一部分能够看做是已经灭亡的生物的尸体。于是，考察这个过程的唯一可能的方式是说，原来的细胞的生命在改变了的环境中继续下去，也就是说，现在不是一个个体、而是**两个**个体生存着。如果两个细胞依旧联合在一起——在由大量细胞构成的有机体中通常是这样，那么我们就有机体生命的连续想不到什么疑问，即使它的所有组成细胞分裂，直到原来的细胞没有一个依然如故为止。如果两个细胞无论哪一个在它们形成之后或在以后的时间立即分离为两个独立的个体，那么该案例肯定一点也没有变化。

生命以这种方式可以连续，即使后代细胞之一由于某种偶然事故消灭了。因为每一个新细胞将再次分裂，个体细胞的数目形成得越多，它们的共同生命的连续也就越确凿。死神在这里丧失了他的许多能力；大量的个体可以消灭，但是有机体本身依旧生机勃勃。只有当真正最后的所有后代消灭时，才可以认为死亡是胜利者。

在把这个观念的长列贯彻到底时，我们已经趋近不朽的问题，因为一位著名的生物学家称刚才描述的事实是不朽。采纳这种观点不是我的意向，这是因为，尽管最后死亡的可能性被繁殖和分离，或者一般而言被生命的耗散(dissipation)大大减小了，但是并没有完全排除它，而只不过使它更加不可几(improbable)而已。

我们能够容易地设想这样的一般死亡特征的环境，没有一个个体能够完全逃脱它们。于是，已分裂的有机体将恰如单个有机体一样地死去。这样的事件在世界史中发生的问题不能确定地回答，因为它与另一个悬而未决的问题相关：从一个单细胞以降的或具有生命的、地球上所有活着的生物是在不同的地点和时间中产生的吗？如果我们选取第一个可供选择的对象，那么所有现存的有机体都是同一有机体的后裔或部分，这个有机体享有直到目前的实际不朽。甚至在另一个案例中，也没有必要假定，在各个时期发展的不同亲本有机体中的任何一个结束了它的生涯，由于它们中的所有有机体都可以在它们的后代中幸存。倘若情况可能是这样，我们能够想象全世界的灾变，这个大灾变能够消灭世界各个角落的所有生命——能够毁灭第一个细胞或头一批细胞的一切后裔。这一概念消除了把这类存在称为不朽的可能性，因为不朽的观念不仅包括生命连续的无限可能性，而且也包括彻底消灭它的绝对不可能性。

虽然我们在这条思想路线上遇见了不朽的观念，但是审查表明，我们在这里没有发现真实的不朽。而且，我觉得可以确信，我们之中没有一个人期望在这里发现它，因为它不是物质的不朽，而是我们正在寻求的精神的不朽。因此，让我们返回到我们的起点，即在其最广泛的意义上考虑记忆，正像赫林提出的那样。我们发现，形形色色的种族的存在都可以用记忆的普遍事实以及用遗传来说明。这个观念是更为深远的观念，因为记忆也可以说明**心智**的功能。

以相似的方式重现的部分，它们的通过与记忆规律一致的纯粹重复，使它们自己与形成我们生命的永远变化的事件的混沌之流区别开来。它们更容易发生，从而形成事件之流的突出部分。在这里，我们找到反射行为、本能行为，最后还有有意识的记忆的原因。我们的经验的全部内容仅仅与这样的重现的事件有关，因为只有重复的经验才是在该词的严格意义上的经验。我们只有借助重复才获得知识，只有这样的以相似方式重复的事实系列才能变得如此为我们所知，以至我们能够从这样的系列的一部分预言必然紧随的部分。心智无非是这样的已知系列的集成。如果我们经验全新的事件，我们不变地说，我们不理解它，只是在适当的重复之后，它才能够形成真实的经验的一部分。

这样一来，以同一方式常常出现的、我们的普遍经验的那些部分，好像是最重要的部分，实际上是值得了解的唯一部分。为了说明相似经验的重复，我们习惯于做这样的假定：重复的部分始终存在着，它们的出现和消失仅仅是由我们注意力的可变的方向引起的。我可以注视我的窗槛上的花盆。我转向我的书，花盆对我来说消失了。我再次转动我的头，花盆出现了。由于花盆仅仅依赖于我转动我的头，不管它是否将形成我的意识的一部分，因此我能够做出什么比它一直放在那里还要好的假定呢？

以这种方式，我们得到比我们的感觉印象（sense-impression）

持续得还要长久的存在的观念。对可见的、未变化的对象来说，这个假定似乎是十分自然的和自明的，尽管自贝克莱（Berkeley）时代以来已辨认出它的任意的部分。但是，以相同的方式，我们在抽象得多的概念的案例中形成持久的观念。化学家断言。当他把煤烧成不可见的气体即碳酸气时，化为乌有的碳实际上并未消失，而只是通过它与空气中的氧的结合转化为另一种形式。在这个案例中，假定是颇为牵强的，因为除重量以外，碳的所有可以看见的性质都消失了，这仅在碳酸气的重量具有等于碳和氧在变化前的重量之和的意义上才持久。但是，因为可以颠倒该过程，把碳酸气精确地变成在它形成时消失的那么多的碳和氧，所以我们通过考虑化合物的元素，把这些事实简要而明白地描绘为以某种不可认识的新形式潜藏在化合物中，通过恰当的手段能够从中重新得到它们。这就是元素守恒定律的真实含义。

我们在物理世界中所知道的最普遍的实体（entity）的持久是较少明显的。我意指**能量**。机械功形式的能量可以转化为电，电除了量的均衡外，呈现出与先前的形态毫无共同之处的崭新形态。电可以转化为光、或热、或化学能，从而呈现出多种多样的形式。但是，如果我们通过把能量反过来变为机械功的形式而结束这样的转化系列，那么我们精确地得到我们由以开始的总量，倘若避免或考虑了途中的一切损失的话。我们用下述说法概括这种行为：能量不能创生或不能消灭，因此能量是永恒的事物。

还有若干其他事物，也被赋予这一相同的持久性质。**质量**是其中之一。我们对能够影响给定质量的量一无所知。我们可以冷却或暖热它；我们可以引来强烈的化学变化对它施加影响；它可以在每一其他性质方面显示出变化;但是,它的质量将不改变。这个事实通常用**物质**(matter)不能被创生或消灭的词语表达。但是,由于术语“物质”在它的意义方面是不清楚的,在仔细研究时显示出许多神秘的成分,因而我们最好将统统避免这个词,把我们的考虑限于严格定义的量值。如果你说**质量**不能被创生或消灭,那么你便精确地陈述了我已经讲过的东西——无论什么变化都不能引起给定的质量变化。

此时,我们已拥有两种事物或实体,二者似乎都有科学的权利被称为永恒的,或者如果你乐意的话,被称为不朽的。科学还知道其他东西,但是,因为研究它们不会告诉我们任何新东西,所以我们可以把我们自己局限在这二者之内。现在,称事物是永恒的意味着什么呢?

对我们来说,它意味着我们不知道,质量的总量或能量的总量借以在给定的系统内**永远不变化**的任何环境。我们由此断定,在未来将不出现引起这样的变化的环境。你立即看到,这个最熟知的科学的永恒性依赖的基础是多么十分不稳固。因为事物直到现在继续以某种方式行进,因此它们将永远不以任何其他方式行进,这是最庸俗的观念。不管我们多么仔细地审查该案例,我们发现它总是返回到这同一点。你可以说,众所周知,世界上的万物都被原因和结果条理化;不能违反的定律以相同的方式支配着太阳的路线和单个原子的振动。当我问,你如何知道这一点?得到的回答是,这是经验的普遍结果。于是,我们发现我们自己再次处在起点。因为经验告诉我们,直到现在事物与这个法则一致地发生过;然而,它们将以相同的方式在遍及整个未来发生只不过是假定,该假定可能有较大或较小的概率,但却未传达无论什么确定性。

这一结果并未被下述事实改变:某些预言被证明十分接近后来的经验的事实。天体运动给我们以十分近似是确定性的概率的例子。我们现在能够断定食达到若干分之一秒的程度,倘若它们是在不太遥远的时间内发生的话。但是,所有这些推论依赖我们关于某些数值的知识,尤其是运动天体的质量,食离得越远,我们的预言也变得越不确定。让我们作为一个例子假定,能够以十分之一秒小的误差计算相隔一百年的食的时间。就一千年而言,那时误差将是一秒,对一百万年将是一千秒,或者大于半小时。在五千万年,它变成一整天,而在180亿年,误差相当于整整一年,倘若计算依据的不同定律绝对正确的话。甚至这个假定根本不是一个可以辩护的假定,从而我们的真实的概率在这个案例中还要缩小为小得多的值。如果我们要使我们的推论达到确定性,那么结果最后将是什么呢?回答仅仅是无限大可能的误差或根本没有概率。

我们对于质量的永恒的确信具有严格相同的类型。即使我们假定。我们关于质量的经验将来在一般特征方面将不变化,但是还必须记住,我们研究质量的可能变化的手段在准确性上受到限制。我们能够把一千克的质量决定到它的值的百万分之一。我们时代的科学达到了这一准确度。此时,如果我们假定,比这百万分之一大的变化在给定的质量中在一百年内将不发生,那么我们能够容易地计算我们的千克完全消失必需的时间。例如,作为在其他方面发达的"物质"理论的结果,如果某人变得确信,这样的变化确实发生,那么我们恐怕完全不能依据质量的不可消灭性否证他的理论。我们能向他表明的一切是，该变化有理由不能大于所陈述的总量，这具有附带条件，即质量在未来的行为像我们所知的那样与它们在过去的行为一样。

与此有关，我们可以考虑另一类恒久的存在——化学元素。上面提到的定律能够被延伸到**元素守恒**，此时它可陈述为：任何变化都不能改变任何元素的给定量。例如，如果我们从一克铁开始，使它通过任何系列化合物的变化，那么我们在任何转化阶段都能反过来得到在重量上未改变的，具有未改变的性质的铁。这些事实可以以假设性的方式通过下述假定加以描绘：元素是由具有一定形状和重量的十分小的原子组成的，化学组合在于两个或多个不同的原子借助某种电的、引力的和或无论什么可能的键而结合。由于假定原子在它们的一切组合中保持它们的个体性，因此似乎显而易见，元素应该毫无变化地从它们的组合中可以重新获得。原子在这个案例中仅仅是假设性的存在，因此这个关于化学元素行为的图像也是假设性的存在，但是元素守恒定律是经验定律，也是十分精确的定律。

只是在去年前后，我们迄今对于元素的永恒的未摇撼的确信遭受了剧烈的打击。我就下述事实提及威廉·拉姆齐爵士(Sir William Ramsay)的发现：元素镭能够变为另一种元素氦以及其他迄今还不知道的某种东西。从化学的"世界观"(Weltanschauung)的立场来看，这是自发现氧的日子——此时我们目前的关于化学的基本概念之观念开始形成——以来最重要的发现，它毋庸置疑地教导说，至少存在一些明确地终有一死的元素。卢瑟福(Rutherford)的研究引起我们注意到这样的具有不同寿命的元素的系列。这些元素中的一些仅仅存在片刻时间，在几秒钟之后便挥泪告别，而另一些则以小时、日、年乃至千百万年量度它们的寿命。我们对于这些短暂的存在物的所知确实少得可怜，它们主要是用它们的平均寿命刻画其特征的，而平均寿命能够用相当准确和方便的方法加以测量。从这些事实到达下述结论的步骤并非十分漫长，迄今没有向我们显示必死性迹象的另一些元素，由于它们的消逝极其缓慢而隐匿了这一性质。这个案例十分清楚地表明，像已经描绘成超越我们的有限观察手段的这种可能性可以变成实在，倘若这些手段被充分加以精炼的话。

能量在某种程度上占据着比较确实的位置，因为我们迄今还不具有关于它的必死性的任何暗示，或者还不知道能量守恒定律的任何例外。这个同样惊人的事物即元素镭在它的守恒性方面已威胁到能量，不是由于必死性，而是由于相反的东西即无中生有而威胁的。如果你把一块镭放在量热器，那么你将观察到，它在数日、数周、数月、数年内毫不间断地以恒定的速率放热。这与能量的持久的湮灭相比似乎更不可能，直到拉姆齐做出上面描绘的发现之前，这个谜依然未被解开。镭向氦的嬗变是产生的热的源泉。正如蒸汽变为液体水时产生热那样，镭在变成氦时也产生热。就这样，能量守恒定律受到事实支持，从我对于科学所了解的东西来看，我怀有一种印象，即能量将比宇宙中的其他每一事物都要经久。我觉得，比这说得更多一些也许是不正当的。

不过，还是重新开始我们的论题：我们关于永恒性的推理的一切都建立在从有限时间的外推和与某种误差结合在一起的观察上。这样的外推走得越远，它们就变得越不确定，这是一个普遍的法则，而且对无限的时间或空间而言，概差（probable error）逾越了所有极限，与我们的预言相反的东西可能像预言本身一样真实。

因此，在科学中，与无限的时间或与确定性有关的任何类型的预言都是不可能的。对于有限的时间来说，预言是可能的，但是从来也不具有绝对的确定性。它们在每一个案例中都附属于某一概差，概差依赖案例的本性，但总是随预言延伸的时间长度而增加。

科学没有给我们以达到未来的知识的唯一可能性。还存在着宗教信仰、启示和其他相似的信念源泉，这些东西确实向某些心智传达着比科学所提供的还要强烈的对于预言的真理的确信。但是，在受这些不同源泉指导的各种人所达到的诠释方面，却存在着巨大的差异。宗教信仰和相似的源泉被局限在信任它们的一批人的事务之内，而且一般承认，对它们的真理的确信依赖某种类型的私人的内心体验。在它们之中发现误差之前，它们并未像具有科学证据的案例那样，提供必须被普遍接受的证据。它们只能被那些经过了内在体验的、拥有直觉向他们默示的真理的人接受。

于是，如果科学的预言在实施中就个性而言在某种程度上受损失，那么它们在它们的接受的真正普遍性方面则大有收获。在人类的整个共同财富中，科学是最普遍的，是最独立于种族、性别和年龄差异的财富。宗教信仰在历史上总是显示出内容和强度方面的最大变化，而科学在不同时期似乎可以成长得或较慢或较快，但却是在同一方向不断地成长。因此，可以把科学看作是人所拥有的精神财富之中的最确实和最持久的部分。像这样的被科学认可的预言被大多数有理智的人作为最可靠的预言接受了。

让我们转向能量和质量永恒性的另一个方面。如果我们选取两个不同的质量并把它们结合起来，那么合质量的行为将像两个单独的质量之和那样。这是对质量做观察的规则的和直接的结果，从而表明物理的相加没有在总量上改变质量。不过虽然**两个质量保留它们的量**，但是它们却**失去了它们的个体性**。如果质量之一是一千克而另一个是两千克，那么联合的质量将是三千克的质量。这个质量可以再次一分为二，一个是一千克，另一个是两千克；但是，我们所有测量质量的方法无法告诉，新的千克是否等价于旧的千克，或者新的千克是否全部或部分地由先前的两千克质量形成。这的确是一个具有十分重大意义的普遍事实，可以用另一个例子阐明它。如果你拿来两杯水，并把它们一起倒入一个水盆中，那么便得到两个量之和。接着，你可以由水盆再次充满两个杯子，但是在地上或天上没有已知的办法弄清楚，每一个杯子的水现在是否与以前的相同。实际上，关于水的不同部分的等同或不等同的问题是无意义的，因为没有办法挑出个体的水的部分并使它们等同。

某人可能会想到，如果我们能够观察水的个别原子，那么等同也许是可能的。甚至这个希望我也必须消除。因为原子理论是从下述假定开始的：水的原子在形状、重量和其他固有性质方面完全相似，它们仅仅在像可以属于同一原子那样的性质上变化，例如运动的速度和方向。对于每一个其他的纯粹实物，其假定也相同。这样一来，任何等同手段都被我们的定义排除在外。更有甚者，原子只不过是假设性的事物，即使可能使它们等同，等同也只能是假设性的等同，而不是实在的等同。

相同的结论对于能量也为真。迄今还没有关于能量的原子结构的假定，显然因为科学的必要性还未导致这样的假设。因此，任何特定的一点能量的等同似乎比在质量的案例中更没有希望出现。与另外的相似的能量接触，它立即像雨滴落入海洋那样完全消失了。它只是在它把它的份额添加到共同的能的量中才保持它的存在，不知道能够用来消灭它的连续存在这一标志的办法。

这种行为在下述情况下更为显著；只要一点质量、一滴水或些微能量保持下去，在我们看来，对于它们的等同就不会产生最小的怀疑。无论你可能希望称它为等同性（identity）、或个体性（individuality）、或个性（personality），它在这些环境中都继续保持下去。仅仅通过与同一类型的另外的事物联系起来就失去等同性，这的确是奇怪的事情。更为奇怪的事实是，这种类型的每一个存在似乎是由不可抗拒的冲击驱动的，以便为失去它的等同性而寻求每一个机会。每一个已知的物理事实都导致这样一个结论：能量的扩散或均匀分布是所有事件的普遍目的。无论什么变化似乎都不发生，永远没有一个变化将发生，从而导致比相应的能量耗散还要大的浓缩。部分浓缩可以在系统内产生，但只是要以较大的耗散为代价，总和总是耗散的增加。

虽然我们确信，科学能够使我们查明应用于物理世界的这个定律的普遍有效性，但是它对于人类发展的应用都是可以置疑的。依我之见，如果小心翼翼地应用它的话，那么它在这个案例中似乎也有效。困难在于我们没有测量人类事务中的均匀性和异质性的精密的客观的工具之环境，因此不能仔细地研究任何给定的系统，从而足以引出定量的结论。似乎可以相当确定，文化的增长倾向于人之间的差异减少。它不仅使普遍的生活标准等同。而且甚至也减弱性别和年龄的自然差异。从这种观点来看，我应该认为，庞大的财富在个别人手中的积累标志着文化的不完善状态。

在人的某些案例中，也可以观察到被描绘为不可抗拒的扩散倾向的性质。在有意识的人中，这样的自然倾向伴随着某种我们称之为意志的情感，当我们被容许按照这些倾向或按照我们的意志行动时，我们是幸福的。现在，如果我们回忆我们的生活中的最幸福的时刻，那么将在每一个与个性的稀奇古怪的丧失相联系的案例中找到它们。在爱情的幸福中，将立即发现这个事实。如果你正在强烈地为艺术品而陶醉，例如陶醉于贝多芬(Beethoven)的交响曲，那么你将发现你自己解除了个性的重负，像水滴被波浪裹挟一样被音乐的溪流迷醉得无法自制。相同的情感随着自然界给予我们的宏伟印象而到来。甚至当我平静地坐下来在野外写生时，与我周围的自然结合在一起的美妙情感在幸运的时刻降临到我的身心，这显然可以用完全忘却我贫乏的自我来刻画其特征。我们由此可以断定，个体性意味着局限性和不幸福，或者至少与它们密切相关。

更仔细地考虑一下活着的生物，我们发现普遍较大的个体性是与较短的持续时间结合在一起的。我们已经看到，我们必须区分个体性的几个等级。任何动物和植物的寿命，或者在从一个生物变为两个时受分割的限制，或者在它变为一无所有时受死亡的限制。无论哪一种变化都可以恰当地称其为个体的丧失，因为个体的概念与分裂的事实强烈矛盾，就像与死亡的事实强烈矛盾一样。

但是，正如我已经说明的，我们可以认为从第一个活着的生物产生的所有各代的总和是集成的个体。这样的集成的存在物不用说具有较少的个体性，但它却在持续时间上增加了。以这种方式来考察，有生命的存在物使它们自己与无生命的物质排列为连续的系列，我们在其中严格地找到个体性和持续时间之间的相同的倒易关系：最少个体化的事物，诸如质量和能量，是最持久的事物，反之亦然。这确实是十分普遍的。可以想象的最个体化的事物是目前的时刻：它完全是独一无二的，将永远一去不复返；它是绝对的个体（individual）。在我们的记忆中，当其他时刻占据了它的位置时，它逐渐地失去它的特征，变得愈来愈像其他的时刻；这种情况越多，它在记忆中向后离去得越远，不久便不能把它与其他区分开来；它最终被遗忘了，像动物或植物一样地死去了。

不同的时刻在我们的记忆中具有十分不同的生命周期。众多的不重要的和枯燥无味的时刻，它们几乎刚一诞生就死去了，不过我们在其中也发现有些时刻，其影响在数天、数月、数年甚至在我们意识的整个一生都能感受到。只要他在这个时刻到达他时还活着，对它们的记忆就不会消失，以这种方式便克服了该时刻的存在的固有的短暂，它存留下来。然而，它不是永恒的，因为记忆随生命而终结。

当然，不朽在该词的直接涵义上并非在人之中被找到。实际上。“凡人皆有死”是在我们的经验中最琐细的经验事实之一。因此，当我们转向人的不朽时，我们只能够问：在人那里存在着比他的肉体更为恒久的任何东西吗？

在这种关联中，我们必须记住，活着的人的个体性是不完备的和变化的个体性。我们在老年和青年不是相同的个体。心和身在一生中都经历了一系列的变化，以至同一个人在不同的年龄像不同的人一样是不同的。我们称一个人的个体性的东西仅仅在于他的变化的**连续性**，验明一个人的唯一可靠的办法是连续地追踪他通过中间时间的存在。如果一个人的肉体存活下来，那么他的存在的连续性会被死亡事件打破；如果使他拥有某种类型的不朽，那么不朽只能具有不完全的本性。

其次，以这种或那种形式幸存并非必然地意味着不朽。要值得赋予该名称，存活的部分必须在无限的时间继续它的存在。这样一来，两种情况似乎是可能的：或者幸存的部分在它的进一步的存在中像它在与肉体的关联中那样连续地变化，或者它依然是恒定的。因为个体在日常生活的期限内发生的所有变化继续与肉体的变化具有规则的机能关系，所以一个近似的推论是，肉体制约这些变化，在肉体消隐后幸存的部分必须依然是恒定的。在与此相像的不变化的状态中，这样的生命确实能够在任何时间长度、在无限的时间中继续存在，倘若它能够在没有变化发生的地方存在的话。但是，如果这种生命依然与像活着的人这样的变化着的生命相关，那么它不能依然是不变的，因为关联和相互影响意味着变化，所有上面描绘的、在无限时间延伸的变化着的存在之困难立即出现了。另一方面，像通常假定的那样，如果使幸存的生命变为在其中没有时间或空间问题的超验状态，那么在这样的生命和日常生活中的人之间的相互作用和任何类型似乎都被排除了，因为与我们有关的一切关系必须呈现时间和空间的形式，所有其他的生命是我们无法理解的。

从这些考虑引出的结论如下所述：或者，幸存的生命在该词的严格意义上是不朽的，在这个案例中不必期望它能够与人沟通，它的存在对于我们而言也许永远是未知的。或者，在死亡之后一无所有，在这个案例中我们当然对我们自己的任何幸存的部分没有经验。在这两个可供选择的案例之间裁决是不可能的，因为它们在结果上是不可区分的和相同的。

接着，我们可以转向另一个表面上较少可能的假定：存在某种幸存下来的东西，某种依然与活着的人相关的东西，因此易受变化，也许在存在上受到限制。经验在这里能帮助我们吗？

每一个人在他死后都在因他的影响在变化的世界上留下某些事物。他可以建筑房子，或获取财产，或写书，或生孩子。甚至在出生后不久夭折的婴儿也给他的母亲留下印记，这种印记使她发生变化。这些遗物全部是私人的或个体的，依赖于产生它们的人；只是它们的结果不仅由这个人决定，而且也由对该结果留下印记的人或事决定。这样的结果可以持续或长或短的时间，但它们最终要消失，渐近地觉察不到了。

在人类中，存在着留下这样的印记的十分普遍的欲望。从小孩在墙上胡乱涂鸦，到矗立了许多世纪的金字塔，我们都发现相同的意图——把私人生活的结果延伸得超越它的局域的和短暂的持续时间。我们不完全满足这样的客观纪念物的纯粹存在，而且想要其他人看见它们并认清它们的意义。于是，小孩不乱画无意义的线条，而涂写他的名字的字母，或某种另外的使他感兴趣的东西；以同样的方式，埃及国王也没有忘记用字母和图画说明他自己与庞大的建筑物的关联，这将把他的名字带向未来的时代。

这种传播人的私人影响的普遍欲望与传播人的肉体和血统的

欲望密切相关。从客观的和自我中心的立场来考察，它似乎是相当无意义的本能。我为什么竟然会想望某个他人享用我用尽我的整个一生聚集的今世的利益呢？但是，即使对于最决定的自我中心主义者来说，这也造成了一个根本的差异，这一某个他人是他的儿子还是陌生人。他对陌生人不会动一根毫毛，但是他对他的儿子却准备做出最大的牺牲。的确，这个法则也有一些例外，但是每一个人都认为，缺乏父亲本能的人是怪物，是伦理的跛子。这样的案例是对普遍法则的偏离，该事实是反对它继续的充分理由，因为这样的人或者根本没有孩子，或者即便有，他也会忽略他们，妨碍他们的发展。

只要记住家庭和种族也是比单个人规模较大和较松散的、但确实还具有十分确定关联的个体，那么我们立即意识到，自我保存的本能在这里再次起作用。这一本能的结果与使我们希望留下我们的存在和我们的个体性的记录的其他本能混为一体并被加倍，借助这些因素的作用，促成每一个体的存在在或多或少的程度上延长了。

这样的延长在不朽的最严格的含义上不是不朽。因为我们注视到，虽然这样的影响在大多数案例中比身体生命的期限经久，但是它们恰如任何孤立的物理存在一样，通过扩散到浩瀚无垠的普遍存在中并丧失个体性和区分的可能性，逐渐地不再起作用，渐近地消失得无影无踪。

在一代又一代序列的过程中，这从根本上讲为真。为了家庭可以延续，儿子与来自另一个家庭的妻子结婚，他的儿子也同样进行。其结果，保证了家庭的延续，但却是以牺牲它的个体性为代价。通过与其他家庭的这些必要的关联,发生了向世间大部分的扩散,正是延续它的存在的手段导致了这种不可避免的扩散。最后,一般而言,家庭像人类一样会因某种宇宙的偶然事件可能遭受最终毁灭。

个人在死亡时留下的其他事物也采取相同的过程。考虑一个最适合的案倒,在其中我们常常把词"不朽的"用于伟大的诗人或科学家。我们说,荷马(Homer)和歌德(Goethe)、亚里士多德和达尔文是不朽的,因为他们的著作是经久的,将持续许多世纪,他们的影响证明独立于他们的身体存在。不用说,死亡妨碍他们写出更多的在他们活着时给予我们的那类著作,甚至这一事实也不像它乍看起来那么重要。当一个人变为老人时,在通常的生命机能结束前好久,他的身体的和智力的创造能力往往衰弱了。如果一个人活过他的自然死期,那么他也许将做他能够妥善去做的一切工作,他的死亡此时不是重要的事情。只有当死得过早时,我们才感到若有所失,只是在这样的情况下我们才能够感到,死亡是残忍的和不公平的。

生理学为说明年龄和死亡这一普遍事实所作所为如此之少,肯定是一件奇怪的事情。用我们目前的知识来判断,活着的生命不应该活任何长度的时间,无论如何是没有理由的。所有用尽的物质和能量能够用营养恢复,对于有机体不再像它在它的生命的青春时期那样能够把营养转化为它的延续必需的材料之事实,似乎还没有做出说明。情况也许是,仅仅由于活着的事实,或者某种必需的因素的贮存逐渐耗尽了,或者某种致命的因素积累起来,以至进一步的存活最终变得不可能了。为了矫正这一影响,新生物必须再次到处创造生命，因此死和生被认为是只要可能便借以延续生命的手段。莫帕(Maupas)关于原生动物繁殖的众所周知的实验，使存在这一本性的某种理由变得很明显。如果它们处在对它们的生存最有利的环境中，它们将继续生长一段时间并以十分规则的方式分裂。但是，在通过简单分裂的一系列无性繁殖之后，它们突然改变它们的行为。它们结合起来而形成胚原基，接着开始新系列的无性繁殖。这些事实能够以恰恰已经指出的方式加以说明：或者某种能够被有性繁殖甩掉的毒素得以发展，或者用这一手段保证了某种必需的因素，该因素于是被缓慢地耗尽，而缺乏该因素迫使生物最后借助重返有性繁殖保证新的供给。

从这种立场考虑，死亡不仅不是有害的，而且它是种族存在的必不可少的因素。以我能够应用于这个最私人的问题的全部坦率性和科学的客观性考察我自己的心智，我没有一想起我自己的死亡就觉得恐怖。不用说，遭受疾病或痛苦是令人不快的，此外在我死前，还有许多事情我会乐于去做或去经历。对我来说，这也许是损失，但只是在我以后意识到它并会为它感到遗憾之时，这样的可能性似乎超出问题的范围。至于我的朋友和亲属，他们将感到，我越年老，我的损失越小。在我活得超过我的寿命时段时，身体的死亡将好像是极其自然的事情，等待死亡即将来临与其说是悲痛的情感，毋宁说是解脱的情感。

与个人的生或死完全无关，一个人所完成的作品依然是有效的。它将在多长时间依然有效，全部依赖于该作品在多大程度上适合种族的需要。对这些需要毫无价值的作品将会可能早地被去除，而有用的作品只要它被看做是有用的，将会被保留下来。我给出的例子表明，伟大的和有用的工作者的影响可以持续多么久，但是毫无疑问，正是由于这种影响，他的作品的个体性会消失，不管消失得多么缓慢。它越来越变成他的氏族、他的民族、他的种族的普遍的智力装备的一部分。于是，只要这些氏族、民族、种族存在，它也将存在，不再作为独特的观念或艺术品存在，而是作为公共的财产存在。在这里，已经遇到过的普遍的扩散定律再次起作用，持续时间和个体性像倒数一样联系起来：一个增加随着另一个的减小。

这是我能够在我们的经验王国中发现的唯一持久的生命类型。在此处，人以最为决定性的方式从他的全体同伙中凸显出来，因为在下等种族中，没有单独的个体能够把他的份额不仅贡献给种族的传播，而且也贡献给种族的发展。动物一般地似乎没有死亡的观念。我记得看见过，一只老鼠跨过刚刚被杀死的另一只老鼠的尸体，以便比较容易地抵达它的食物。它们现找现吃地活着，除了纯粹本能的和无意识的行为以外，没有什么预见能力。在诸如通过长期驯养受人类影响的动物中，出现了某些有意识的预见的痕迹。不过，狗虽然躲过他的主人的鞭子——它经历过鞭打从而能够预见，但是它却躲不过他的主人的枪，即使在它眼前刚刚枪杀了另一只狗。人对于死亡的恐惧是我们的高度发达的预见和记忆能力的直接结果，这种恐惧通过看见痛苦的和过早的死亡而发展了。我们的文明正在以这样的方式进展，致使越来越多地避免了超自然的死亡，我们同样热切地与野蛮的凶残和谋杀作斗争，就像与疾病和苦难作斗争一样。我们可以认为，我们依旧现存的对死亡的恐惧是固有的本能，这种本能在因暴力而死亡是平常的史前时期发展起来。一切本能都是缓慢地产生的，只是在它们可以开始成为有用的东西之后好久，才变得固定下来；以相同的方式，一切后天曾经获得的本能在它们的必需性和有用性终止之后好久，还持续存在。因而，我们可以想象遥远的未来时代，那时这种对死亡的本能恐惧将会由于人类种族缓慢改进而消失。

依旧还有一个最后的和最重要的问题：在没有私人的未来生命的观念的情况下，我们所有**伦理学**——在其中罪恶受到惩罚而美德受到奖赏——的基础会怎样呢？

我毫不犹豫地回答，我不仅认为伦理学在没有这个观念的情况下是可能的，而且我甚至认为，这个条件包含伦理学发展的十分精练的和高扬的状态。我们再次考虑这些普遍的事实。

毋庸置疑，自然充满残酷性。遍及整个有机生命王国，我们在动物和植物的几乎每一纲中都发现，一些种的生存是以牺牲它们的同伙为代价的。我意指每一种类的寄生的有机体，不管它们是否生存在它们杀死的或使其痛苦的它们的同伙内部，也不管它们是否直接以其他生物为食物。猫并非出于无论什么极其重要的意图折磨可怜的老鼠，没有人想到去惩罚猫；某些黄蜂的幼虫会在毛虫体内生长，缓慢地从内部吞食一大群毛虫，我们觉得这是十分自然的。没有人力图改变自然的这种普遍方式，并针对他的同胞人和他的同类生物尽可能地减少残酷性和不公正性。正是由应该尽可能充分地从人类自身消除这一污点的强烈欲望出发，产生了下述观念：超越我们的肉体生命，必定存在着补偿已犯下的邪恶和补偿在活着时没有应得的惩罚或奖偿而遭受的不幸之可能性，我们的正义感启示了这一点。

但是，当我们认为人类是一个集合的存在时，奖赏和惩罚呈现出大相径庭的样态。再者，单独的个人可与高度发达的有机体的细胞比较。他的同类的细胞的毁坏对整个有机体而言也会是损害和威胁，因此任何消灭它的近邻的细胞，或者会被从有机体中清除出去，或者会被包在囊内并阻止产生进一步的危害。另一方面，像达到有用意图的这样的细胞则会被养育和保护。

正是在细胞方面克服这种危险作用的必要性，意味着有机体效率的降低，因为能够把对该意图来说必要的工作用于有机体本身的直接利益。于是，最佳的行动也许是避免这样的坏细胞，具有完成这一任务的恰当办法的有机体拥有巨大的优势。

显而易见，这些考虑适用于人的集体的有机体。惩罚在每一种情况中都意味着损失，日益增长的文化的目的不是使惩罚更有效，而是使它不必要。每一个个人越多地充满他属于巨大的人类集体有机体的意识，他就能够越少地把他自己的目的和利益与人类的目的和利益分离开来。对种族的责任和私人幸福之间的一致是结果，也是用以判断我们自己的行为和我们同胞的行为的清楚明确的标准。

自我牺牲在所有时代、被所有宗教视为伦理发展的至高无上的完善化。与此同时，每一个想要稍深刻一点的人都意识到，自我牺牲必须有意义，它必须导致某种用其他手段不能达到的效果。否则，自我牺牲对人类而言就不会是收获，而宁可说是损失。不过，我们认为，为人类作自我牺牲是有正当理由的，这符合我们的普遍情感。我们赞扬冲进大火或洪水中把孩子从死亡中拯救过来的人；当医生进入猖獗的瘟疫中间而意识到严重的危险等待着他时,在我们看来这甚至应该更有意义。但是,我们并不敬重越发冒着生命危险从燃烧的房子里抢救他的钱财的人。

事实上,我们发现人类的利益正好处在我们的伦理意识的中心。用永久的惩罚威胁人们而使他们吓得伦理地行动,这是影响他们的贫乏和无效的方式。自然的方式是发展对于构成人类的不同个人之间的无孔不入的关系之意识,并使这种意识达到这样的程度,以至相应的行为不仅变成责任,而且变成习惯,并且最终变为本能,从而指引我们大家完全自发地为人类的利益而行动。我们在自我教育中通过持续的努力为促进我们自己而做出的每一个智力的和道德的进展,同时对于人类而言也将是收获,因为它将被传递给我们的孩子、我们的朋友和我们的学生,而且按照普遍的记忆规律,与把它传递给我们相比,将更容易把它传递给他们。除了被继承的污点这一事实外,还存在着被继承的尽善尽美的事实;我们靠自己的辛苦劳动可以成功地朝着我们自己的完善做出的每一进展,对于我们的孩子以及我们孩子的孩子来说永远是如此之多的收获。我必须坦白,我无法想出比这更宏大的不朽的景象。

中译者附录

奥斯特瓦尔德
——伟大的凡人，平凡的伟人

李醒民

在他的一生中，新思想没有一刻不在他的头脑里喷涌，他的流利的笔锋没有一刻不在把他洞见到真理传播到光亮未及之处。他的一生是丰富的、充实的、成功的，他尽可能最大限度地利用了他的旺盛的 energie(精力、能量)。在科学上，在哲学上，谁也无法获得绝对真理，因为思维、研究和发现的巨流永不休止地奔腾着，我们可以怀着深深的真诚和敬意说，威廉·奥斯特瓦尔德为伟大的事业进行了持久的、勇敢的奋斗。

——F. G. 唐南

弗里德里希·威廉·奥斯特瓦尔德(Friedrich Wilhelm Ostwald，1853～1932)是一位伟大的学者，他像文艺复兴时期的列奥纳多·达·芬奇(Leonardo da Vinci，1452～1519)一样，是多才多艺又多产的传奇式的天才。他是物理化学的奠基者和代言人，是20世纪起主导作用的颜色学的研究者之一，曾荣获1909年诺贝尔化学奖。他就科学哲学、科学方法论、科学天才、科学组织、一般文化问题、能源、公共教育、人道主义、战争与和平、国际主义、世界语等等问题，提出了一系列诱人的见解和行动方案。他是一位鼓舞人心的教师、综合者、阐释者和科学观念的改革家，他吸引并造就出一大批有才华的学生，他善于把新思想普及到学术界或公众之中。他是一位勤于笔耕的多产作家，他一生共撰写了四十五本书，五百篇科学论文，五千篇评论文章，还编辑了六种杂志。他也是一位战斗的无神论者、反教权主义的不可调和的战士和具有强烈使命感的社会活动家。他的成就和影响举世公认，加在他身上的各种头衔多达六十七项：世界许多名牌大学的兼职教授和荣誉博士，各种知名讲座的主讲人，国内外不少学会和科学组织的负责人和荣誉会员，一些国家科学院的院士或荣誉院士。

奥斯特瓦尔德也是一个平凡的人。他在学校并不是标准的"好"学生；他功成名就之后，依然像普通人一样工作和生活；他有自己多方面的爱好，热衷于钻研音乐和演奏乐曲，喜欢画风景画；他在五十三岁时毅然辞去莱比锡大学的教授职务，回到乡间宅第从事他感兴趣的研究和活动。不用说，他像凡人一样也有错误和失足之处。

奥斯特瓦尔德丰富的思想和切实的行动，正是在伟大与平凡的两极张力中迸发、体现出来的，这样的张力也造就了奥斯特瓦尔德这样一个名副其实的人——伟大的凡人、平凡的伟人。

一、里加和多帕特：未来的创造者

奥斯特瓦尔德 1853 年 9 月 2 日出生在拉脱维亚的里加，这是一个濒临波罗的海的城市，当时属俄国管辖。这个约有千年历史的古城实际上与德国都市毫无二致，其建筑样式和典章制度均与德国的吕贝克市相仿。无论是上流社会、中产阶级还是下层贫民都讲德语,其风俗习惯和精神生活都根植于德国文化。康德(I. Kant,1724～1804)《纯粹理性批判》的初版(1781),就是由里加书店出版的。

奥斯特瓦尔德的双亲是德国移民的后裔。很自然,奥斯特瓦尔德本人无论在理智上还是在感情上,都认为自己是德国人。因此,他后来在求学时期极力反对沙皇俄国推行的泛斯拉夫运动,对强迫用俄语授课十分反感,并由衷地厌恶那些变节的德国人。这就是他所谓的“德国魂”。

奥斯特瓦尔德的家境十分贫寒。其父是一贫如洗的手艺人,长期在俄罗斯流浪,后定居里加,靠制桶谋生。其母是面包师傅的女儿,同属贫穷人家。婚后,他们起早贪黑,省吃俭用,用积攒下的钱买了一座简陋的小屋。年幼的奥斯特瓦尔德感到十分心满意足,毕竟有一个温暖的、安适的家了!为了节约开支,母亲经常把父亲工棚里的锯末收集起来烧饭。经过几年的惨淡经营,他们买了新居,扩大了营业规模,家境有了改善,但仍然谈不上殷实富有。

奥斯特瓦尔德的父亲身量魁梧,力大气粗,性格暴躁,一有空闲便外出打猎。不过,他倒也心灵手巧,喜欢画画。母亲身材纤瘦,天资较高,干起活来干净利落。她除给制桶铺子的工匠和学徒(6～12人)做饭外,还要给自己家做饭,料理家务和照管孩子的重担也压在她的肩上。她一有余暇就读书看报,在有限的时间里调剂一下精神生活。母亲热心艺术,爱看戏剧。父亲只要经济允许,总是给她在市立剧院预定定期座位。奥斯特瓦尔德上有哥哥,下有弟弟,没有姐妹。他的哥哥和弟弟长得像父亲一样高大,爱做粗野、热闹的游戏，常常和父亲一起狩猎，而奥斯特瓦尔德对此毫无兴趣。他的身材、秉性和趣味都与母亲相似，喜欢一个人安静地做自己的事。母亲的言传身教，不仅对他的思想成长有很大的影响，而且也给他注入了艺术家的气质。不过，他爱好绘画的天性以及制造器物的手艺，恐怕主要得益于父亲。多年的流浪经历使父亲既备尝艰辛，又见多识广。他定下一条神圣不可侵犯的家规：宁可做出最大的牺牲，也要为孩子出人头地提供一切机会。也许是这条不成文的家规，庇护奥斯特瓦尔德在青少年时期充分发展了未来创造者的个性和才能。

奥斯特瓦尔德自幼喜爱动物，他早就有意识地反对父亲和兄弟的狩猎癖好，对他们在饭桌上大谈狩猎话题感到腻烦。每当父亲让他送猎物给亲友时，他心里总是隐隐作痛。后来，从通俗科学书籍接受的爱护动物的教育，更增强了他反对狩猎的情绪。

十岁时，父亲决定把他送入一所新型的实验中学。这所学校学制为五年。头一年，奥斯特瓦尔德还是一个顺从的好学生，后来由于阅读形形色色的书刊，在他的眼前敞开了全新的世界，他开始自觉或不自觉地选择自己的成长道路。

少年周刊《园亭》是他最早的精神食粮。1860 年代，德国的自然科学和近代工业蓬勃发展、日渐兴盛，《园亭》的编辑以此为内容组织稿件。这个刊物不仅增强了奥斯特瓦尔德的爱国心，也坚定了他献身科学的志向。博物学老师妙趣横生的讲课，也唤起他内心潜在的对自然科学的爱好，他曾一度热衷于采集植物标本，捕捉蝴蝶和甲虫。

十一岁时，他偶尔看到一本关于制作焰火的书。书中提到的焰火成分除惯用名和学名外，还写着化学式。他问老师那些化学式的意义，老师只是简单地回答说，到五年级就会学的。奥斯特瓦尔德急不可待，在无人指导的情况下自己摸索、钻研。他用母亲省下的零用钱到药房买了硝石、硫黄、锑等化学物质。母亲把厨房的研钵、筛子、器皿供给他用。父亲对他的举动也大力支持：尽管在木匠铺子制作焰火有发生火灾的危险，父亲还是在地下室为他专门腾出一间小屋做试验。没有钱买制备浓硝酸的曲颈瓶、玻璃管等，他设法到建筑工地干零活挣钱，也作贴花画出售，以筹措铜币。他按照书上所画的图示进行操作、试验，终于制成了焰火。看着点燃的焰火五彩缤纷，奥斯特瓦尔德真是喜出望外。焰火点燃了他童年的热情，打开了他心灵的窗户，照亮了他通向未来的道路。在成功之时，他感到有一种近于痛苦的深奥的幸福。这种幸福，恐怕只有身临其境的人才能体会到。奥斯特瓦尔德晚年发明的幸福公式，也许与此不无关系。

不久，他又迷上了照相。当时照相技术还很落后，是湿胶棉底片的时代。奥斯特瓦尔德手头什么器材也没有，一切都得亲自动手制造。他用父亲装雪茄烟的空匣子制作相机暗箱，用母亲的观剧镜的镜片作为镜头，用涂有药胶的硬纸片作显影纸，拆下窗格上的玻璃作底片。作胶棉用的浓硝酸和乙醚在里加买不到，他就用其他易到手的化学药品制取。在他人看来，这简直是毫无希望的举动，然而奥斯特瓦尔德却洗出了照片。其时，他比制成焰火还要乐不可支。这两次经历，对他的一生具有决定性的意义。他从中增长的见识和才干，无论如何是从老师那里学不到的。不久，他又读了一位农业化学家所著的《化学的学校》，这本教育杰作在他看来比他得到的什么东西都有价值。他尽情地品味书中有趣的实验,尽可能地动手照着去做。要知道,奥斯特瓦尔德当时还没有上过化学课哩!

学校的宗教课以大课形式讲授,由当地的牧师主讲。奥斯特瓦尔德的祖辈信奉基督教。父亲由于忙得不可开交,轻易不去教堂。母亲开始还常来常往,后来手头事情一多,也不大外出了。奥斯特瓦尔德本人幼时还尽力信仰宗教,可是这种信仰并未一直继续下去。他自己也记不清究竟是怎么中断的。似乎是有次他觉得自己犯了罪过,忐忑不安地走进教堂的深处,拜倒在上帝的脚下,虔诚地祈祷赎罪。谁知上帝依旧默默无语,这使他受到很大冲击,从此对上帝不再无条件地信赖了。另外,对于把上帝的血肉作为食物的教义,他也本能地感到毛骨悚然。

奥斯特瓦尔德的兴趣十分广泛。他曾一度埋头于绘画,这对他晚年研究颜色学很有帮助。他对音乐的兴趣,是因参加教堂圣诞音乐会和观看歌剧《魔笛》激起的,这对他的内在发展举足轻重。他经常替母亲到租书摊借书,从而读了不少小说。阅读文学书籍,使他摆脱了学校和家庭的狭小环境,知道大千世界究竟是怎么一个样子。

这样的多方面的兴趣和爱好,分散了他的时间和精力,当然难以满足学校的要求。一年级他还是优等生。二年级成绩极为不好,必须重读半年。三年级由于迷恋化学游戏和实验,不得不重读整整一年。四年级又多读了半年。五年级虽未重读,这与其说是学习用功,还不如说是学校放松了管理。不过,他数学总得高分。从三年级起开设的物理课,他的成绩也特别好,尤其是物理老师演示的凸透镜实验和彩色旋转盘实验，给他留下了强烈的印象。糟糕的是，他喜爱的化学居然不及格过。就这样，五年制的中学，他却不得不读七年。

在临近毕业考试时，奥斯特瓦尔德经过短期突击复习，对数学、自然科学、德语和文学比较放心，拉丁语、英语和法语自信也可以勉强通过，他担心的是历史和俄语。为此，他找来各种世界史教科书，边熟读边比较，背下书中所有的史实，总算对付过去了。失败的是俄语。本来在考俄语前，同伴们教给他蒙混过关的“诀窍”，但他自命不凡，结果名落孙山。要知道，在俄国统治下的拉脱维亚领地，俄语是做官入仕的必要条件。学校虽然发给他毕业证书，但并不是无条件的——他必须补习半年俄语，才能升入大学。他只好耐下性子，又熬了半年。

在这半年内，奥斯特瓦尔德还兼做家庭教师，教几个准备入中学的孩子。这是他从事教育工作的最初尝试，他体会到一种非同寻常的满足感。这份工作使他得到一笔从未有过的收入。他用这些报酬给终年辛劳的母亲买了一台缝纫机，乐得母亲合不拢嘴。奥斯特瓦尔德晚年回想起母亲当时高兴的样子，还暗暗地流过热泪呢。

父亲希望儿子进里加工学院深造，将来成为工程师。奥斯特瓦尔德也感到，他完全有条件成为一名优秀的技术人员。但是他认定，在无边的知识海洋里自由探究更有魅力。他渴望做一位纯粹化学家，尽管这意味着收入可能不会丰厚。奥斯特瓦尔德需要的是感兴趣的工作和丰富的精神生活；对于豪华的住宅、漂亮的衣服和美味佳肴，他从来懒得去追求。父亲尊重儿子的选择，就这样，十八岁半的奥斯特瓦尔德于1872年1月进入多帕特(Dorpat)大学学习。知识王国的大门向这位年轻人敞开了:这里有他梦寐以求的化学实验室和浩如烟海的化学文献。

大学的学制是三年，共六个学期。在头三学期，他没有规规矩矩去听课，而把时间花在其他事情上。他是大学生联谊会的负责人，要参加各种社交活动。他十分迷恋音乐，和一些朋友组成一个弦乐四重奏乐队，他拉中提琴。在大学生联谊会会址，他发现了海顿的八十三个弦乐四重奏的完整曲谱，于是精心研究，反复进行练习。他也演奏莫扎特和贝多芬的室内乐。在风景画方面，他也大有长进，并常与同窗好友到乡间漫游。就这样，一年半的时间舒舒服服地滑过去了。父亲得知情况后，为他的课程学习深感焦虑。突然，年青人的个性和健全的道德力量起作用了——他良心发现了!

奥斯特瓦尔德凭借极强的记忆力和自学能力，不久就补上了“刷掉”的课程。他在施密特(Karl Schmidt，1822～1894)教授的指导下学习化学，在厄廷根(A. von Oettingen，1836～1920)教授的指导下攻读物理，进步相当快。他找到斯内尔(Karl Snell)一本的很有兴味的教科书，自学数学。他的数学知识大部分来自此书。这本详细涉及认识论和方法论问题的数学书，也最早激发了他对哲学问题的思索。奥斯特瓦尔德履行了向父亲许下的诺言，在第四学期通过了候补学位的三分之一考试。第二个三分之一考试是在第六学期末通过的。他为自己的成功而振奋，又一鼓作气，在一个月内就通过了最后的三分之一考试。就这样，在1875年1月，奥斯特瓦尔德获准大学毕业。他后来戏称:他在一年半的休耕地上获得了大丰收。

二、多帕特和里加:步入科学家的行列

完整的候补学位考试还要求,提交一篇使原先的研究成果具体化的短论文。奥斯特瓦尔德恰当地选择他的课题,即“论水在化学上的质量作用”,这是施密特教授的研究方向。该课题处理的是,氯化铋的浓酸化溶液随着水的不断加入,其水解作用逐渐增大。这篇论文的摘要发表在《实验化学杂志》120 卷(1875)上,它是奥斯特瓦尔德众多论著中的头一篇。它预示着这位二十出头的青年人正在步入科学家的行列。

大学毕业后,他做了物理学教授厄廷根的助手。作为一位年青的化学研究者,他的主要成就在于化学亲和力方面,此外还有普通化学和无机化学。奥斯特瓦尔德对亲和力的研究表明,物理性质的定量值如体积度、折射率等,可能与伴随化学变化的量的改变有关,从而它提供了关于化学反应组分的相对亲和力的信息。他通过实验和研究认识到,物理学方法在解决化学问题时具有独特的优点,这在化学热力学中尤为重要。因为用化学方法分析反应组分时,由于同时发生的偏离平衡,几乎总是无法实行;另一方面,物理学方法不会引起系统的化学变化。

在取得候补学位后不到两年,即 1876 年底,奥斯特瓦尔德提交了硕士论文“关于亲和力的体积化学研究”。他在论文中确定了稀溶液的碱酸中和反应时的体积变化,由体积度计算化学作用(亲和力),反应前和反应后的体积度是用比重计测量的。他发现,自

己用体积度方法求得的酸的亲和力顺序，与其他人用热化学方法所确定的“活性”顺序极为一致。在答辩会上，施密特顺便问他：“假如您要写一本化学教科书——上天不容——您将如何开始？”这是一个有益的暗示，就像告诫儿童不要干蠢事一样。奥斯特瓦尔德当时感到惊奇，不过事后他真的考虑如何写那本书了。

有了硕士学位，他就可以在大学做无公薪讲师了，这也是通向博士学位的必经之路。他开设了物理化学课，每周两小时，同时为自己准备撰写的《普通化学教程》收集资料。但是，他把更多的时间用于体积化学研究，这是他拟议中的博士论文的内容。

1878 年底，即在授予硕士学位后仅仅一年，奥斯特瓦尔德又获得了博士学位，时年二十五岁。在题为“体积化学和光化学研究”的博士论文中，他扩大了以往的研究范围，确定了大量的酸碱反应和其他复分解反应的折射率。他由此得到化学反应速率的值，并用体积度方法证实了他所得之值。他扩展了关于化学亲和力的研究，使作为温度函数的均相反应与多相反应的分析得以实现。他用这种方法能够把特定的数值与“亲和力”术语联系在一起，在以往的长时期内，在化学文献中是以定性的、且常常是以任意的方式提到亲和力的。

1879 年底，奥斯特瓦尔德应邀到多帕特实科中学教数学和科学。他接受了聘请，因为他仍能在大学作化学教授施密特的助手，继续他的物理化学研究。他觉得，教十四岁到十八岁的青少年对他来说是特别宝贵的，这会使他知道怎样才能把书写得更清楚一些。

这个时候，年轻化学家奥斯特瓦尔德在物理化学中的重要地位已经得到公认。剑桥大学的米尔(M. M. P. Muir)在1879年发表的评论文章“化学亲和力”中这样写道:“近年来对最终解决化学亲和力问题所做的最重要的贡献,包含在古德贝格(C. M. Guldberg,1836～1902)和瓦格(P. Waage,1833～1900)的两篇论文(1869和1879)以及威廉·奥斯特瓦尔德的三篇论文中(1877、1878)。”米尔在十分详细地介绍了这些论文的概要后得出结论:“……他们所得到的结果对每一个化学家来说必然是显而易见的。……奥斯特瓦尔德给化学提供了解决某些最困难问题的新方法,而古德贝格与瓦格在把数学推理用于化学科学的事实中带了路。”在获得这些成果的过程中,充分显示了奥斯特瓦尔德也是一位技艺高超、操作娴熟的实验家:他会吹玻璃,会木工和金工技术,善于为预定的目标设计和制造仪器,并灵活地装配和使用它们达到所需要的结果。

奥斯特瓦尔德在多帕特的十年间(1872～1881),有两件事值得一提。其一可称为“否定”事件,即他在1879年曾申请去德国做访问学者,结果被另一个同事争去了。奥斯特瓦尔德后来说,假如他以访问学者的资格去德国,他肯定会待在占统治地位的、兴旺发达的有机化学界,他的兴趣也会毫无例外地转向有机化学。没有出国倒是一件幸事,这使他能够在物理化学这个未绘出海图的汪洋大海里操纵自己的航船,驶向彼岸的新大陆。

第二个事件是“肯定”事件。在多帕特的整个时期,他一直在弦乐四重奏乐团中拉中提琴,常常出入大学讲师古斯塔夫·赖厄(Gustav Reyher)家。赖厄也爱好音乐,家里成了一群音乐爱好者的俱乐部。奥斯特瓦尔德有时也改写肖邦的小夜曲,用钢琴伴奏,或练习用巴松管伴奏。在这里,他遇见的赖厄的侄女海伦妮·冯·赖厄(Helene von Reyher),两人一见钟情。另外,奥斯特瓦尔德也十分注意研究配合旋律、和声学、音乐理论和艺术的其他分支。他的老师和朋友厄廷根常常开设声调技巧讲座。厄廷根请奥斯特瓦尔德也讲一讲,他欣然应允。听众大多是女士,海伦妮姑娘也在其中,这进一步加深了他们的相互了解。1879 年 4 月底他们订了婚,次年春天结婚,尽管他们当时还不得不住在单间的学生宿舍内。与海伦妮的相识和结合,是他一生中的最大幸运。在以后五十二年的共同生活中,她以永恒的爱情无微不至地关照他,把家庭料理得井井有条。他们有三子二女。

1881 年,里加工学院的化学教授职位空缺,奥斯特瓦尔德接受了院方的邀请。他的老师施密特向工学院院长写了一封热情洋溢的推荐信,充分肯定了奥斯特瓦尔德的才干和成就。就这样,他在二十八岁就当上正教授。

翌年年初,奥斯特瓦尔德赴里加就任。在这里,他有自己的实验室和学生,有更广阔、更美好的前程,他也充分地把握了这一有利时机。里加时期(1882～1887),是他精力充沛、节奏紧张的研究时期。还是在 1879 年,他就提出,像硫化锌和氧化钙这样的化合物被不同的酸溶解的速率,可以用来作为酸的相对亲和力的量度。到里加后,他沿着这个方向,开始题为“化学动力学研究”的一系列工作。他抛开在多帕特的静止的或平衡的方法,而把注意力放在反应速度的测量上。这组论文的第一篇针对乙酰胺的酸催化的皂化作用和醋的水解作用,研究了反应速度。在这一研究中,他用很简单的方法设计了一种十分有效的恒温器,这一世界著名的恒温器立即为许多实验室普遍采用。接着,他进行了蔗糖在各种酸存在时的转化率的实验,估计出酸的亲和力值。他相信,各种方法得到大致相同的亲和力数值表明,大自然肯定在这里隐藏着一个伟大的真理。在这些研究中,奥斯特瓦尔德也大大发展了接触作用或催化概念。莱比锡时期他在催化研究上的大丰收,其种子早在里加就播下了。

里加工学院的化学实验室设在酒窖里,条件相当差。奥斯特瓦尔德劝说校方建立新的实验室,校方也看到他的巨大才能和日益增加的学生数目,同意他的要求。由于里加的各种实验室都是旧式的,奥斯特瓦尔德明智地决定,在1882~1883年冬季假期到德国的化学教学和研究中心做一番考察。无论从事业发展还是个人经历讲,这一行动都是意义重大的。在莱比锡,德国著名化学家、《实验化学杂志》主编柯尔贝(Hermann Kolbe,1818~1884)设宴招待他,并表示希望他能在以后某个时候到莱比锡工作。

奥斯特瓦尔德在他的《自传》中说,他永远记着1884年6月的某一天。这天,发生了三件使他难以忘怀的事:他牙疼得厉害,他的妻子生了一个宝贝女儿,他看到了名不见经传的瑞典年青人阿累尼乌斯(Svante Arrhenius,1859~1927)的博士论文"关于电解的伽伐尼电导率的研究"。像许多化学家[①]一样,奥斯特瓦尔德的第一个印象是,阿累尼乌斯的电解质导电的概念纯粹是胡说八道。

① 例如,俄国的门捷列夫、英国的阿姆斯特朗(H. Armstrong)和皮克林(Pikering)、法国的特罗贝(M. Traube),他们反对电离理论的主要理由是该理论不符合当时流行的观点。

进一步的研究使他深信，阿累尼乌斯创造出一种简单的测量酸和碱的中和力的方法。早在多帕特，他就注意到德国化学家柯耳劳施(F. W. Kohlrausch，1840～1910)测量的几种电导率与他所测量的亲和力的平行关系。尽管他在看到阿累尼乌斯的论文之前曾就这一事实的解释做了初步的工作，但当时并不理解这种平行关系的意义。现在，阿累尼乌斯的新概念提供了解释这种平行关系的钥匙。奥斯特瓦尔德发挥自己的实验天才，对早先作为样品的三十三种有机酸进行了测量。他发现，相应的电导率的确十分近似地与原先确定的亲和力系数成正比，用阿累尼乌斯方法所确定的电离度是同一酸的亲和力性质的量度。正是他的热情奔放和宽宏大度的性格，促使他在同年 8 月到乌普萨拉拜访比自己小六岁的年轻人。这次访问是他们毕生友谊和合作的开端，他们规划了一系列重大研究项目。返回里加，他继续从事电化学研究，接连发表了四篇论文。由于奥斯特瓦尔德的影响，阿累尼乌斯获取访问学者的资格，出国五年进行科学研究。

1886 年，奥斯特瓦尔德看到范托夫(J. H. van't，Hoff，1852～1911)的小册子《化学动力学研究》(1884)。他惊奇地发现，这位荷兰有机化学家在化学热力学方面比他走得更远。由于他这时已牢牢地抓住电离概念所具有的深刻意义，他把它用于亲和力、化学平衡、质量作用以及更一般的化学热力学问题，取得了许多成果。从此，范托夫成为物理化学的第三个巨头。在创立物理化学的过程中，奥斯特瓦尔德的阐释、表达和写作能力帮了他的大忙，阿累尼乌斯和范托夫的工作也是经他之手才广为人知的。他还把美国物理学家吉布斯的论著译成德文，成为德国学生必不可少的读本。

甚至在耶鲁大学出版吉布斯的著作之前,英国和美国的学生还不得不读德译本呢。

在里加工学院,奥斯特瓦尔德被证明是一位卓越的教师和出色的研究者。而且,他在这里还开创了两项使他闻名于世的事业:其一是出版《普通化学教程》,其二是筹办《物理化学杂志》。其实,早在 1880 年,他就开始着手撰写《普通化学教程》了。该书第一卷处理的是化学计量学问题,于 1883 年出版。第二卷论述了热化学、电化学、光化学和化学亲和力,于 1886 年底出版。书名中的"普通"一词并不表明该书是普及读物,而是意味着作者涉及的领域十分广泛。这本书花费了作者多年持续的劳动,可以毫不夸张地说,它创立了普通化学和物理化学,起到了知识源泉的作用,鼓舞数百名年轻人在几年之内聚集到奥斯特瓦尔德的旗帜之下。他被应聘到莱比锡做物理化学教授,这一惊人的工作也是一个重要因素。

由于《普通化学教程》的成功,出版商乐于考虑出版一种有关物理化学的新杂志。奥斯特瓦尔德也明智地认识到,一种专门杂志对于新学科的进一步发展是必不可少的。但是当他征询朋友们的意见时,每一个人都觉得绝对没有希望。范托夫虽然同意联合编辑,但实际没有参与具体工作,担子落在奥斯特瓦尔德一个人身上。创刊号终于在 1887 年 2 月出版。该杂志发表了许多最新研究成果,奥斯特瓦尔德还亲自动手撰写大量书评和科学论文的批判性摘要。这个杂志成为莱比锡物理化学学派的喉舌,成为把各国物理化学家联系起来的纽带。

奥斯特瓦尔德的生涯又出现了新的转机。1887 年,他赢得了德国莱比锡大学物理化学教授的职位。奥斯特瓦尔德的梦想实现了,他现在是德国名牌大学的正教授了。他也渴望离开里加,因为即将到来的“俄国化”阴影使德国血统的人感到处境艰难。另外,他的学生大都想谋求收入较高的职业,没有几个人爱好纯粹的科学研究。

三、莱比锡:学术生涯的黄金时代

1887 年 9 月,奥斯特瓦尔德携家离开里加,赴莱比锡大学就任。新的教授职位并非是安乐窝,他面临着两个问题:其一是,他的实验室名叫第二化学实验室,而不是物理化学实验室:其二是,该实验室相当破旧、简陋,它原来是专门用于农业和畜牧化学的,不适于进行物理化学前沿的精密实验,而现在除在此要组织物理化学教学和研究外,还要为化学初学者和药剂师提供实习训练的场所。第一个问题倒没有什么了不起,因为奥斯特瓦尔德没有虚荣心,他与第一实验室主任相处得十分融洽。针对第二个困难,他果断地任命了三个助手:能斯特(W. Nernst,1864～1941)负责物理化学,瓦格纳(Julius Wagner)负责训练初学者,贝克曼(Ernst Beckmann)负责训练药剂师。他们在奥斯特瓦尔德的指导下,干得相当漂亮。他们三人后来也成名成家,升迁到高级职位。

奥斯特瓦尔德在冬季学期讲授无机化学,在夏季学期讲授物理化学。在里加积累起来的丰富经验,使他很快就组织起物理化学实验课。在几年之内,位于莱比锡兄弟街三十四号的老实验室就成为世界物理化学的研究中心,成为各国有进取心的研究生的麦加。为了应付众多的来访者,特地在走廊和地下室临时摆设了一些长凳。来自美、英等国的求学青年蜂拥而至。但是,德国学生反而占少数,这与德国有机化学的兴盛有关。德国有机化学界的某些著名人物另眼看待"离子家",不认为奥斯特瓦尔德是化学家,因为他从未发现新物质。奥斯特瓦尔德开玩笑说:从这种观点看,他的确是够"消极的(否定的)",因为他把许多有记载的物质逐一加以破坏和分析。

直到 1898 年莱比锡大学新的物理化学研究所办公大楼落成之前,奥斯特瓦尔德和他的助手、学生一直待在兄弟街三十四号。他每天都要围着实验台跑来跑去。他的心扉始终是敞开的。据范托夫回忆,只要他了解或发现某种新东西,他立即具有把它转达给其他人的欲望。难怪奥斯特瓦尔德的学生和助手对老师十分信任和尊重,他们在 1903 年为他举行了获得博士学位二十五周年纪念会,并把集体签名的四十六卷《物理化学杂志》奉献给他。

在学术生涯的黄金时代,奥斯特瓦尔德不仅显示了强有力的组织才能,而且也充分发挥了他的研究才智。他在莱比锡迅速建立起来的著名学派,主要以阿累尼乌斯的电离理论、范托夫的溶液渗透理论以及热力学对溶液和化学平衡的应用为基础。但是,对于这一新化学分支的直接进展和普遍承认而言,没有什么比他 1888 年发现的稀释律贡献更大的了。奥斯特瓦尔德针对二百五十种酸,他的助手针对五十种碱证实了稀释律。该定律的历史意义在于,质量作用定律首次被用于弱有机酸和弱碱的稀溶液。

受到奥斯特瓦尔德支持和发展的电离理论,以定量的方法使以往彼此隔绝的物理学和化学研究一致起来。而且,以往通过观察和实验找到的规律性，都能够用电离理论加以解释。奥斯特瓦尔德的《普通化学概论》(1889)及其英译本(1890)使这一崭新理论得到广泛传播，并为成千上万的学生提供了方便的教科书。

1891年，奥斯特瓦尔德立足于离子平衡原理，提出酸碱指示剂理论，它现在还为一般分析化学教科书采用。接着，他在自己的《分析化学的科学基础》(1894)中，详细论述了以电离为基础的化学反应理论的整个领域，包括该课题的第一流的科学观点。这是一部使分析化学教学发生革命的著作。

19世纪的最后十年，在奥斯特瓦尔德的实验室，对催化作用进行了系统的定量的研究。其实，早在1883年，他就研究过蔗糖和甲基醋酸盐被酸水解的速率。1890年，他报道了自催化现象，并把它定义为这样一个过程："通过某些物质的存在，激发或加速这个过程，而这些物质却没有显示出进入化合物中。"他在1894年的报告中，对催化概念做了新的表述："催化是通过外部物质的存在加速缓慢进行的化学过程。"他把催化作用比之为润滑油对机器的作用和鞭子对懒马的作用。他总结了许多实验结果，并根据热力学定律，提出催化剂的另一个特点：在可逆反应中，催化剂仅能加速反应平衡的到达，而不能改变平衡常数。在这个时期，奥斯特瓦尔德还出版了《接触作用学说通史》(1898)，考察了催化作用的来龙去脉，而对整个问题的更清楚的表述则是1901年的讲演《论催化作用》，它作为小册子于翌年出版。

奥斯特瓦尔德及其合作者关于这个课题的实验贡献是，处理了从过饱和溶液的结晶过程——单相反应和多相反应——和酶的影响。另外，也通过催化的活性测量了酸的强度，提出照相接触过程。他还把催化知识用于两个大规模的工业化学项目：以加热的电丝束作催化剂，使氮气和氢气在高温下合成氨(1900)；通过催化使氨氧化为硝酸，这个流程于1906年开始在工业中使用。正是鉴于“在催化作用与化学平衡和反应方面的工作，以及由氨制硝酸的方法”，奥斯特瓦尔德荣获1909年的诺贝尔化学奖。

在莱比锡，奥斯特瓦尔德还要从事写作、编辑和学术组织事务，他的工作越来越紧张。他认为休息就是从一种脑力劳动转换到另一种脑力劳动。暑假期间，他也到海滨去痛痛快快地玩一场，不过却是画几周画，借以清理他的思想。他像一个“写字台”一样，笔下生产出大量的智力产品。《实用物理化学测量手册》为人们提供了方便的实验工具书。《无机化学大纲》使这个在某种程度上被忽视的学科更有趣味，更有逻辑性和合理性。《化学学校》把健全的化学思想引入年轻人的注意中心。《科学的发展》是一本没有化学药剂的化学书，它是化学科学概念发展的历史概要。《电化学：它的历史和学说》是一本长达一千一百页的巨著，它充分显示了作者对电化学及其相关领域的科学文献具有完善的统摄能力；奥斯特瓦尔德认为，这是他写得最好的一本书，部分原因是书中对所涉及的先驱者的个人特点和当地风情做了生动的描绘，然而它却是奥斯特瓦尔德唯一没有出第二版和没有被翻译的著作。他联合筹办《电化学杂志》，是主编组成员之一。他还创建了德国电化学学会，并出任第一任主席。由他编辑并参与注释的《奥斯特瓦尔德精密科学的经典作家》丛书，是纪念碑式的宏伟事业。这套丛书由亥姆霍兹1847年的《论力的守恒》开始，到1938年已出版二百四十三卷，到1977年达到二百五十六卷。它使自然科学上最重要的古典名著流传下来,对科学史研究具有不可估量的意义。奥斯特瓦尔德也是一位杰出的科学史家,他具有自觉的历史意识和强烈的历史感,他的许多论著都有详尽的历史材料和精辟的历史分析。乔治·萨顿(George Sarton,1884~1956)在1913年3月创办科学史杂志《爱西斯》(*Isis*)时,奥斯特瓦尔德的名字就列在赞助委员会中。

当奥斯特瓦尔德1887年到莱比锡就任时,他的就职演说的题目是"能量及其转化",这是他在1890年前后致力于能量学(Energetik或energetics)研究的一个信号。在多帕特,他就对热力学感兴趣,吉布斯方程中的大多数项表示不同形式的能量这一事实使他深受震动。后来,热力学在物理化学研究中的巨大威力也给他留下了极深的印象。逐渐地,他越来越相信,分子、原子和离子只是数学虚构,宇宙的根本构成要素是以各种形式存在的能量,自然定律就是支配能量流通和转化的规律。奥斯特瓦尔德本来是一个原子论者,他在《自传》中生动地描述了他的突然顿悟:在初夏一个阳光和煦的早晨,他在花丛飞蝶间漫步,倾听小鸟的鸣叫。此时,他的整个身心充满了生命的活力,他永远不再怀疑能量的实在性是一切存在物和现象的实质。看来,这种经历是真正神秘的思想升华。有趣的是,马赫(Ernst Mach,1838~1916)年轻时也有过类似的顿悟:突然感到"物自体"是多余的,而世界和自我是一个感觉复合体。

1890年前后,奥斯特瓦尔德致力于发展他的能量学思想,并稳步地围绕能量重组他的思想和著作。在他看来,能量是唯一真实的实在,物质不是能量的负荷者,恰恰相反,它是能量的表现形式。他坚持认为，能量学原理与分子运动论相比，能为化学和科学提供一个更为坚实、更为明确的基础，分子假设只不过是一种方便的假设和智力技巧。他进而宣称，物质概念是多余的，现象能够用能量及其转化来满意地加以解释。物质只不过是在同一地点同时找到的能量的复合，实物之间的差别归结于它们特定的能量含量的差别。他由能量学出发达到普遍的自然哲学，即科学哲学或"科学的科学"。因此，人们在哲学上往往把他的哲学化了的能量学称为"唯能论"或"能量论"(energetism)。奥斯特瓦尔德进而把他的能量学观念提高到世界观的高度，力图把自然科学、社会科学和人文学科囊括在能量一元论(energetic monism)的世界观内。对于奥斯特瓦尔德的能量学和能量论，有人批评其概念框架过于简单，也有人认为它更接近现代物理学的观念；有人指出它是唯心主义的胡说，也有人强调它包含着未来社会的新思想的萌芽。

奥斯特瓦尔德反对原子论的态度，与他厌恶机械论、坚信以能量为基础的科学纲领有关。1895 年，他在德国吕贝克自然科学家会议上发表了"克服科学的物质论"的讲演，这是他公开反对原子论的宣言，当即遭到玻耳兹曼(Ludwig Boltzman，1844～1906)、普朗克(Max Planck，1858～1947)等人的激烈反对。到 1906 年，当分子实在性已有确凿的实验证据时，他又归依原子论，并在 1909 年《普通化学概论》第四版的序言中公开承认自己反对原子论的错误。不过，这并未妨碍他对能量学和能量论的孜孜不倦的追求。

进入 20 世纪，奥斯特瓦尔德的兴趣转移到哲学和其他更大范围的问题。1900 年，他开始向四百人讲授哲学。1901 年，他又创办了一个新杂志《自然哲学年鉴》,他本人亲自做编辑,继续全方位发展他的能量一元论观点。1902 年,《自然哲学讲演录》出版了,他在这本题献给马赫的著作中系统地展示了能量学和唯能论的方案,并广泛涉及其他科学哲学问题。1903 年,他应邀到加州大学伯克利分校访问,发表了“生物学和邻近科学的关系”的讲演。1904 年,他作为国际技艺和科学会议的主要讲演者之一应邀赴美国的圣路易斯,他不是在化学组而是在科学方法论组以“论科学理论”为题发表讲演。会后,他游览了尼亚加拉瀑布,异国秋叶之美给他留下了强烈的印象。他向他的美国学生表示,他计划在美国画许多大幅风景画,拟于某个冬天在纽约举办个人画展,并希望被人们拥立为美国风景的发现者。这个神奇的梦想虽然未能实现,但是它却显示了奥斯特瓦尔德鲜明的个性。

1904～1905 年冬天,奥斯特瓦尔德请求免去他的冬季学期的讲课,校方否决了他的请求。为了集中精力从事他感兴趣的工作,奥斯特瓦尔德果断地提交了辞职书。他的这一举动并非心血来潮:早在 1894 年,他就希望摆脱教学和像院长、系主任这样一类行政职务,一心一意从事研究和写作。他的朋友劝他重新考虑他的决定,萨克森教育部也要求他推迟辞职。恰在这时,他收到赴美讲学的邀请(1905～1906 年冬季和春季),他答应他从教授职位退休前再完成 1906 年夏季学期的教学任务。在美国,他在哈佛大学、麻省理工学院、哥伦比亚大学讲授哲学和化学。由于他在哈佛做了反对基督教灵魂不灭教义的讲演,美国基督教会的报纸骂他是“恶魔之子”。这次赴美之行,他是作为德、美两国第一个交换教授计划进行的,这是德皇十分感兴趣的一项新计划。第一个选择落在奥斯特瓦尔德身上,这是他受到赞许和尊敬的最高标志。

四、“能量”舍:“自由长矛骑兵”

1906年夏天,五十三岁的奥斯特瓦尔德提前退休,回到萨克森一个名叫格罗斯博滕村附近的乡间宅第定居。在这里,他作为一名“自由长矛骑兵”度过了他一生的其余时光。

还是在1901年,他就买下这所房子及其周围荒芜的花园和土地。暑假期间,他的子女常到此小住一段时间。正如他在1901年9月写给马赫的信中所说的,他把这所房舍命名为“能量”(Energie)。现在,这里成为一家人的永久住宅。他把他丰富的藏书也搬到这里,俨然像一个小型图书馆。定居后不久,他又扩建了房舍,附设了颜色研究实验室。随着岁月的流逝,他购买了越来越多的田地,他的宅第也变成一个大庄园。他有一大笔退休金,接二连三的文稿,也给他带来丰厚的收入。

对于奥斯特瓦尔德这样一个具有活跃的气质、广泛的兴趣和显赫的名声的人来说,退休决不意味着平静安逸。他愈来愈多地被应邀做各种讲演,参加国内外有关发展和组织智力工作的活动。用他自己的话来说,他变成了“实践的理想主义者”。他确实也渴望把才干贡献给有益于人类的事业,使他的科学知识和哲学观点能够促进人类文明的进步。

他下工夫研究了天才人物的“心理图案”,写出《伟大的人:关于天才的生物学研究》(1909)。他把天才人物按精神气质分为两大类型:古典主义者和浪漫主义者。他根据智力反应速度系统地描述了支配他们一生的规律:前者是黏液质的、忧郁的人,反应速度低;后者是多血质的、急躁的人,反应速度高。他本人无疑属于后一类人。他继续编辑《自然哲学年鉴》,他把自己的自然哲学用来探讨各种问题——价值哲学、善行的本质等等。

奥斯特瓦尔德认为,从人道主义的立场来看,学者之间的相互理解是必不可少的。在题献给阿累尼乌斯的著作《一天的挑战》(1910)中,这位国际科学大家庭中地位最高的人之一,把他的能量学观点与科学方法论和系统论、心理学、科学天才、文化问题、公共科学教育和国际语入门联系起来。在哈佛,他就研究过世界语,他相信灵活的人工语言的价值和实用的可能性。他欢迎有机会参加在巴黎召开的国际会议,这导致他创造了自己的人工语言伊多语(Ido),这是一种经过革新和改进而大大简化了的世界语。

奥斯特瓦尔德具有改革的癖好。与康德的"绝对命令"类似,他在《能量命令》(1912)中提出:"不要浪费能量,而要利用能量"。它意味着,不要使能量衰变或降低到有用性较低的水平,相反地,要力图通过使能量转变到较高的(比较有用的)形式而利用能量。奥斯特瓦尔德通过对热力学第二定律(熵增大原理)的沉思导致了这一命令,它是一个预言性的、催促人们采取国际主义与和平主义以及系统规划保护自然能源的宣言。他在其中还提出一系列建议:化学家的国际组织,世界通用语,国际货币,印刷页的合适尺寸,普遍裁军,标志的设立,学校的改善,新型大学,德语书写,天才的发展,妇女的地位和新历法等。不管这些改革是否能顺利实施和贯彻到底,它们总是富有启发意义的,这显示了一个敏锐的大脑和慈善的心肠在思考、关心人类社会的未来。

《价值的哲学》(1913)以同样的风格,大范围地讨论了热力学第二定律、它的历史、应用和预见性的评论。这样的思想也反映在他几年前出版的《能量》(1908)中,这本书简直可以说是一首关于能量的"叙事诗"。他还出版了《纪念和装饰粉画》(1912),描述粉画的修饰问题,如何在露天不受燃煤硫化物的腐蚀。

奥斯特瓦尔德极力把他已经形成的科学观念用于他感兴趣的领域。1904年秋,他在维也纳哲学学会上做了一个题为"幸福的能量学理论"的讲演。他表明,幸福生活是完好使用的心理能量超过错误应用的心理能量,幸福量能够用 $G=k(E^2-W^2)=k(E+W)(E-W)$,E 表示有目的地和成功地(即经济地)使用的能量,W 意指厌恶地或不情愿地(即不经济地)使用的能量,k 是能量过程转化为心理过程的因子。讲演刚一结束,玻耳兹曼就指责奥斯特瓦尔德把心理能量和物理能量混为一谈。物理能量是可测量的,而心理能量是不可测量的,因此没有一个科学家会真诚地相信以所谓的心理能量为基础的理论结构。玻耳兹曼事后特别与奥斯特瓦尔德运用的数学开玩笑,他幽默地评论说:"紧靠 $(E-W)$ 之差,$(E+W)$ 也对幸福有贡献,这是劝说热爱行动的西欧人。其理想是消灭意志的佛教徒也许会写成 $(E-W)/(E+W)$。"尽管如此,这毕竟是奥斯特瓦尔德用他的能量论哲学解决感情的客观分析的真诚尝试。许多哲学家和心理学家也许可能会对此付之一笑,但是在科学的"大众世界"中,它是否包含着机智和忠告的颗粒呢?

奥斯特瓦尔德积极了解社会并为社会服务。他是国际原子量委员会的会员和国际化学联合会的共同创立者和临时主席。他多年来一直担任德国化学学会董事会董事。他也对化学家的训练极为关心，并且是中等教育改革的热情保护人和支持者。当时，德国企业家不满意大学训练出的化学人才知识过于专门，意见被递交到国家考试机构。奥斯特瓦尔德预见到官僚主义控制进一步扩展的危险性，在他的领导和组织下，成立了民间的“大学化学实验室主任联席会”和众所周知的“考试联合会”，高效率地开展有关工作。

在德国著名生物学家海克尔(Ernst Haeckel，1834～1919)的请求下，奥斯特瓦尔德于1910～1914年出任“一元论者同盟”主席，因为他的哲学体系也是真正的一元论哲学，这与该组织基于科学传播一元论世界观的宗旨不谋而合。在1911年于汉堡召开的第一届国际一元论者会议上，他以“科学”为题发表讲演。他说：科学是一个具有自组织功能的巨大系统，对人类精神发展的作用不可估量，而宗教看来要走下坡路。1913年，他还在维也纳做了“一元论是文明的目标”的讲演，撰写了《一元论者礼拜日说教》，并编辑一元论者同盟机关刊物《一元论的世纪》，坚决斥责教会伪造科学的企图，宣传无神论思想。这些出版物越出国界，赢得广大的读者，为此沙俄政府在1912年下令把它们列为禁书。不幸的是，他在建立一元论者移民区的尝试中失败了，损失了他的相当大一笔积蓄。他在创办“桥梁”事业中也赔了本，这项事业的目标是为智力工作和文化工作的组织和结合创造一种中枢神经系统。

1913年，奥斯特瓦尔德越出一元论者同盟的范围，积极推动退出教会运动。他在一元论者同盟内组织起“退出教会者委员会”，并与其他反教会组织联合行动，不仅就退出教会的法律问题，而且就集体退出和与教会势力进行斗争的政治目标制定了行动方案。他大声疾呼:“现在,教会不仅不是世纪的文化的责任承担者,而且是对文化的压抑。”“退出教会是20世纪文化的第一步,是顺理成章的一步。”正是这个行动,促成他和德国社会民主党人的直接联系。他与社会民主党国会议员佩乌兹(Heinrich Pëus)过从甚密,与李卜克内西(Karl Liebknecht,1871～1919)一起参加群众游行和集会。奥斯特瓦尔德说他参加了一个“在政治上左到了极点”的运动,为此反动分子给他送去“红色秘密谋士”的绰号。

奥斯特瓦尔德积极参与国际和平运动的会议(1909～1911),谴责战争是“滥用最坏一类能量”。他鼓吹和平主义,抨击反犹太主义。但是在第一次世界大战(1914～1918)爆发后,由于他不懂得战争的帝国主义性质,他的狭隘的“德国魂”膨胀为明显的民族沙文主义。1914年10月,德国科学界和文化界在军国主义分子操纵下,发表了一个为德国侵略暴行辩护的“告文明世界宣言”,包括奥斯特瓦尔德在内的九十三位知名人士在上面签了名。战争的进展和结局教育了奥斯特瓦尔德,他放弃自己的错误立场,并在反对把人类推向战争边缘的运动中采取了一些实际步骤。

战争使奥斯特瓦尔德苦心经管的一元论者同盟以及其他事业土崩瓦解,也使他不少善良的愿望和真诚的梦想破灭了,但是战争并未使他的大脑停止创造性的活动。作为一位技艺娴熟的风景画家,正如我们在《画家信函》中看到的,这导致他决心研究绘画艺术乃至美学的客观科学基础。他从事颜色学的研究无疑有三个原因:创造出明晰的概念和新颖的理论,成功地重返他擅长的实验工作,满足他的艺术天性。他的目标是,使任何一个人在世界任何地方都能复制出任何确定的、所需要的物体颜色,倘若他知道度量的规则和选择的标准的话。从此,成功地探寻物理、化学世界和谐的活跃的精神,又在美的王国里漫游。在战争年代里,取暖的燃料日益匮乏。年迈的奥斯特瓦尔德把热水袋捆扎在双脚上,坚持在寒气袭人的实验室工作。这无疑是贤惠的妻子想出的好办法,它还真具有奥斯特瓦尔德的实验天才的味道。对于这样一个沉浸在科学和艺术王国里的研究者来说,严寒和种种不便又算得了什么呢!

奥斯特瓦尔德从颜色标准化开始,对颜色进行系统的研究,提出定量的颜色理论,并在他的实验室生产颜色试样和染色物质。他把白-灰-黑连续包括在非彩色中,接着确定纯灰色,并借助他自己制造的象场分割取景器的光度计确定灰色标度。他引入纯色、非纯色和全纯色的新概念,并针对包括所有可见光谱波长之半的混合比引入术语“半色”。为了度量物体的颜色,他使用了等色调三角和色调环。为了确定色调,他制造了偏振混色器。于是,“颜色的世界就从属于测量和数目的控制之下”。为了达到色环和着色体的标准化,奥斯特瓦尔德发表了《色图集》(1917)和《色标图集》(1920)。

奥斯特瓦尔德进而由颜色的标准转向颜色的和谐。因为他按人的感受特征选择他的颜色标度,即色标尺是按对数分等级的,所以他能像在音乐中那样构造和声(和谐)。他在《颜色的和谐》(1918)、《论颜色》(1921～1926)和《形式的和谐》(1922)中提出自己的观点。他认为美是和谐的关系,而和谐关系则是根本规律的具体体现。他从德国生理学家韦伯(E. H. Weber)和心理物理学创始人费希纳(G. H. Fechner)的工作中获得灵感,并通过做形式和颜色的实验使他深信,的确存在着和谐的规律,即规律之美。奥斯特瓦尔德希望自己的颜色学研究能够获得诺贝尔物理学奖，有人认为这种想法是绝对有道理的。

奥斯特瓦尔德晚年对科学史的兴趣更浓厚了，他在一生的最后几年写出了《奥斯特瓦尔德自传》。这部分三卷、洋洋一千二百页的书是一部伟大的文化史。在书中，他以敏锐的眼力、温暖的心扉、明快的格调，展示了跨越一个世纪的西方文明国家的精神史，描绘了他所在时期的世界第一流的科学家、思想家、政治家的言论和风貌。他认为，科学史能使人们向前辈学习更经济地、系统地解决现存的问题。他正确地觉察到，实现这一目标的最恰当的途径是通过科学的组织工作。他强调："有组织的活动，这是20世纪的重大任务。""在当前的环境中，我们必须把组织者看得比发现者更重要。"他幻想一个有组织的、由科学引导的人的世界：科学的明确阐述和精密研究将消除偏见和迷信的邪恶。在向新发现和新观念的各种领域迈进中，奥斯特瓦尔德也许感到，他的生涯与他心目中的英雄歌德的生涯具有某种类似性。他后来的工作内容和风格，都是由他在少年时代对内心世界和外部世界的经验和感受决定的；而歌德的诗歌的形式和内容，也是在年轻时就萌动的。难怪奥斯特瓦尔德在弥留之际写下他的最后一部著作——《歌德·先知》(1932)。

1932年4月4日一个星光闪烁的春夜，威廉·奥斯特瓦尔德在莱比锡城平静地、安详地去世了，终年七十九岁。一个活跃的大脑停止了思维，一颗天才的巨星陨落了！他生前留下遗嘱，把全部房地产捐赠给德国科学院。后来，他的乡间宅第便以"格罗斯博滕威廉·奥斯特瓦尔德档案馆"闻名于世。

在1933年1月27日的纪念讲演中，唐南(F.G.Donnan)对奥斯特瓦尔德做了这样的评价："在他的一生中，新思想没有一刻不在他的头脑里喷涌，他的流利的笔锋没有一刻不在把他洞见到的真理传播到光亮未及之处。他的一生是丰富的、充实的、成功的，他尽可能最大限度地使用了他的旺盛的energe(精力、能量)。在科学上，在哲学上，谁也无法获得绝对真理，因为思维、研究和发现的巨流永不休止地奔腾着。我们可以怀着深深的真诚和敬意说，威廉·奥斯特瓦尔德为伟大的事业进行了持久的、勇敢的奋斗。"班克罗夫特(W.D.Bancroft)作为奥斯特瓦尔德的一位最喜欢挑剔的美国学生，尽管不同意他的导师的一些观点，但仍然在1933年坦率地写道："他是一个伟大的人，他做出了伟大的工作，其他人不会做出像他那样的工作的。奥斯特瓦尔德确实是一位名副其实的人。他比当代任何化学家都受到更多人的爱戴和尊重。"

奥斯特瓦尔德也受到有的人的严厉批判和指责。列宁在《唯物主义和经验批判主义》(1909)中虽然承认奥斯特瓦尔德是"伟大的化学家"，但又认为他是"渺小的哲学家"，并给他扣上了"反动的哲学教授"、"神学家手下的有学问的帮办"的帽子，甚至小骂他是"糊涂虫"。在纵观奥斯特瓦尔德一生的所思、所言、所作、所为之后，大概每一位有自主意识和独立思考能力的读者都会得出自己认为公正的判断。

五、成功的秘诀和卓有成效的科学方法

奥斯特瓦尔德这位被誉为"高级万能博士"和"天才综合体"的

伟大人物并非书香门第出身，而是出生在制桶工人和面包师女儿的家里，家境十分贫寒。按理说，成才的客观条件是很差的。但是，他在孩童时期和青少年时代的经历不仅造就了他作为一个研究者和组织者的素质，而且也形成他日后进行科学创造的基础。这一切究竟是怎样发生的呢？这位非凡的天才是怎样成才和成功的呢？

奥斯特瓦尔德成才的秘诀值得注意的有两点：其一是，广泛的兴趣和好奇心，使他的天性得到充分自由的发展；其二是，擅长于自学，学到扎实可靠的、活生生的知识。

奥斯特瓦尔德在《自传》中回忆道，他在幼儿和青少年时期做的种种游戏和活动，虽然在父母和老师眼中看来是无用的，结果却证明是有益的，它们为后期许多有意义和有价值的成就打下基础。年青时对于事物的观察和体验，虽然留在记忆中似乎没有起什么作用，但是它们日后却成为作为一个研究者的思考材料和概念框架。在这里，研究者不得不依赖过去的经验形成的记忆宝库。这样，精神的建构必然由记忆给予，这里没有什么神秘力量的支配。他甚至认为，一个人的工作都是由自己在年轻时所取得的经验和材料决定的。

在好奇心的驱使下，奥斯特瓦尔德及其小伙伴对小河和周围地区进行探索，这大概是他首次对事物进行有意识的观察和探讨，是他步入科学研究生涯的最初预兆。制作焰火使他迷恋上化学，决定了未来的化学家的成长道路。制作照相机和冲洗照片的兴趣锻炼了他的动手能力，使他后来成为一个技艺娴熟的出色实验家，而他后来的科学研究成果，基本上都是在实验室完成的。爱好文学和博览群书，增强了他的写作能力，使他文思如泉，著作等身。爱好音乐，陶冶了他的情操，培养了他的艺术家的素质，使他能够领悟突如其来的灵感。绘画实践，为他晚年颜色学的研究奠定了基础，使他在歌德和亥姆霍兹失败了的地方取得成功。中学毕业后做家庭教师以及后来在中学兼课，使他知道怎样把知识讲明白，写清楚。他撰写的各种教科书颇受欢迎，显然与这一经历有一定的关系。和小朋友一起探索小河、制作烟花以及在大学做学生社团负责人的工作，提高了他的组织能力和社会活动能力，致使他后来成为许多领域、各种活动的参与者和组织者。

这种在好奇心的驱使下所从事的感兴趣的活动，使奥斯特瓦尔德的天性得到充分发展。这是一种自由行动和自我负责的教育，它比起那种强迫灌输、仰赖权威和追求名利的教育来，显然要优越得多。诚如爱因斯坦所说，无论多么好的食物强迫吃下去，总有一天会把胃口和肚子搞坏的，纯真的好奇心的火花会渐渐地熄灭。奥斯特瓦尔德的成长，应该引起那些“望子成龙、望女成凤”而揠苗助长的父母的深思。

奥斯特瓦尔德喜欢自学，善于自学，他的自学能力也在自学中逐步得以提高。在中学，他并不是一位循规蹈矩的好学生，可是他在没有开设化学课的情况下，通过游戏、实验和书本，自学了不少化学知识。他通过阅读《园亭》杂志和各种书籍，打开了眼界，坚定了献身科学的志向。在大学，他也缺课，他的数学知识是通过自学得来的，并通过自学斯内耳的数学书接触到科学认识论和方法论问题，首次使他对哲学产生了兴趣。大学的前一半时间他舒舒服服地滑了过去，后一半时间他主要也是借助自学通过毕业考试的。

在擅长于自学这一点上，奥斯特瓦尔德与爱因斯坦十分相像。爱因斯坦小时候就自学了欧几里得几何学和微积分。他说他在大学的那一点零散的有关知识主要是靠自学得来的。他在“自述片段”中这样写道：“要做一个好学生，必须有能力很轻快地理解所学习的东西；要心甘情愿地把精力完全集中于人们所教给你的那些东西上；要遵守秩序，把课堂上讲的东西笔记下来，然后自觉地做好作业。遗憾的是，我发现，这一切特性正是我最为欠缺的。于是我逐渐学会抱着某种负疚的心情自由自在地生活，安排自己去学习那些适合于我的求知欲和兴趣的东西。我以极大的兴趣去听某些课。但是我‘刷掉了’很多课程，而以满腔的热忱在家里向理论物理学的大师们学习。这样做是好的，并且显著地减轻了我的负疚心情，从而使我心境的平衡终于没有受到剧烈的扰乱。”每到考试前，同班同学格罗斯曼就把笔记本给他看，这是他救命的锚。在大学毕业后不久的“奥林比亚科学院时期”（1902～1905），他又和挚友自学科学和哲学。1905年他一举做出三项伟大的发现，这决不是偶然的，后两个自学时期的收获为他崭露头角打下了科学基础和思想基础。

奥斯特瓦尔德成才的经历告诉我们，家庭教育和学校教育要注意爱护年轻人的好奇心和发展他们的兴趣爱好，使他们走出校门后是一个全面发展的人，而不只是一个专门家。诚如爱因斯坦所说，教育要把发展人的独立思考、独立判断、独立行动的一般能力放在首位，而不能只看重于获得专业知识。很显然，如果一个人掌握了所学学科的基础理论和基本知识，并且善于独立自主地去思考、去工作，那他一定会找到适合于自身发展和自我实现的道路,而且比起那种仅以获得细节知识为满足和囿于狭小专业范围的人来说,他一定会更好地、更迅速地适应进步和变化。奥斯特瓦尔德的成长,就是一个绝好的例子。

奥斯特瓦尔德的成功的另一个关键,是他的行之有效的科学研究方法。因为一切理论的探索归根结底都是方法的探索,因此在某种程度上也许可以说,科学方法与科学研究是互为因果的。皮尔逊(Karl Pearson,1857～1936)说得好:科学方法是知识的唯一源泉,是通向整个知识的唯一途径;想由迷信的狗洞进入真理之宫,或借形而上学的梯子登上真理之墙,都是痴心妄想。关于奥斯特瓦尔德的科学方法,使我们感兴趣的有以下几点。

第一,在研究工作中善于选择较好的角色。

在物理化学研究中,他通过改变研究手段和课题来选择自己的角色。他从热化学入手,又先后用体积度、光学和电学手段研究了体积化学、光化学和电化学,在化学亲和力这一课题做出了举世公认的贡献。在莱比锡,他又转向催化问题的研究,这是他获得诺贝尔奖的重要成就之一。

从大的方面讲,在他的科学生涯中,他在关键性的时期甚至跨学科、跨领域地选择较好的角色。当他在物理化学领域取得显著成就后,他转而涉足哲学和一般文化问题,这使他成为一位名副其实的哲学家和思想家。晚年,他又闯入颜色学领域,在前人失败的地方取得了巨大的成功,建立了定量的颜色学理论体系和测量体制。

这种角色选择和变换甚至也体现在他的其他工作中乃至日常生活中。他时而是教师,时而又是编辑和作家;他是科学家(物理化学、心理学、颜色学等)和哲学家,又是科学史家、语言学家;他在休息时经常以画家和音乐爱好者的身份出现,而在社会上又经常扮演着参与者、宣传者、组织者、改革家和社会活动家的角色。

奥斯特瓦尔德善于选择和变换自己的角色,不用说与他的浪漫型的精神气质有关。但是,他在每一个角色活动的舞台上都演得有声有色,在每一个研究领域都不是浅薄的涉猎。这一切固然与他的德国民族的彻底性、教育的宽泛性以及他本人的深厚功底和敏捷思维有关,然而作为一种科学方法,也有其合理的根据和普遍的意义。

奥斯特瓦尔德在谈到他放弃纯粹科学研究以及向大学辞职的理由时说,当人们研究任何一种专业而到达其顶峰时,只有两种选择摆在他的面前:或者,他力求待在顶峰,这就要冒跌落的危险和被较年轻的、有活力的后继者的急速脚步踩坏的危险;或者,当他还在顶峰时,他主动迅速地离开这样一个危险的地方,如果有人因为放弃他在一生最好的时光所获得的东西而感到悲哀的话,那么他完全可以在其他领域利用他的思想、精力和时间另起炉灶。在这里不需要担心找不到新的观念,只要他的智力源泉有足够的储备,他的思想便永远不会停顿和枯竭。

奥斯特瓦尔德正是由于善于变换角色或转移阵地,才在众多领域取得瞩目的业绩。他一旦看准目标,就要设法把它拿到手;对于他认为不能取得胜利的事情,他也不轻易发起进攻。作为一位能量学家和能量论者,他实践了自己的能量命令——他没有浪费自己的精力(能量),而是合理地、有效地利用了它们。像奥斯特瓦尔德这样的做法,在许多富有创造力的科学家身上都有所体现。

例如彭加勒，他在科学的征服中一旦达到绝顶，便转移目标，而把进一步发掘细节、肯定容易取得效果的任务留给他人。爱因斯坦也专找木板厚的地方打洞。薛定谔等一批量子物理学家抓住有利时机，进入生物学研究领域，为分子生物学的建立开辟了大道。

第二，积极主动地向大自然提出疑问。

奥斯特瓦尔德认为，要在研究工作中有所发现，必须积极主动地向大自然提出疑问。如果大自然说是，我们就可以顺着同一路线继续前进。如果大自然说否，我们就必须尝试另一条路线。

疑问从何而来？疑问既来自他的实验工作，也来自理论分析；既来自科学的历史研究，也来自他早年的记忆库。他从各种方法测得的亲和力系数的平行性中发觉，这里必定有某种奥秘；他从阿累尼乌斯的理论分析中看到它与亲和力有某种必然的联系；……他把这些问题提交给大自然，与大自然平等地“对话”，从中选取自己的前进路线。

奥斯特瓦尔德的这种做法，与当代科学哲学的“科学始于问题”的命题有某种相似之处。科学家能否捕捉问题，能否积极主动地向大自然提出疑问，这是能否做出科学发现的关键之所在，因为唯有如此才有可能开始进行系统的探索。在科学史上常有这样的事例，由于科学家不善于捕捉问题，不主动提出疑问，以致真理碰到鼻尖上却失之交臂。

要能积极主动地向大自然提出疑问，就要有一种科学的怀疑精神，这是有开拓性的科学家不可或缺的素质。这一点在奥斯特瓦尔德身上也有所体现。因为科学研究始于问题，而问题则由怀疑产生，因此，“大疑则大悟，小疑则小悟，不疑则不悟”。以科学的怀疑精神主动地向大自然提出疑问，并进而进行积极的探索，这正是科学家做出科学发现的顺理成章的途径。

第三，实验和概括是科学工作者的两项重要任务。

奥斯特瓦尔德曾经指出，摆在任何一门科学的工作者面前都有两项任务：其一是通过新事实的发现和新实验的陈述丰富所选定的领域；另一项任务并非不重要，但它的价值乍看起来也许不那么明显，这就是按最好的次序排列已知的事实，并尽可能清楚地阐明它们之间的关系，即进行必要的概括。每当第一项任务急剧进展时，第二项任务就变得更为必要和重要，因为它为达到把握各种各样的孤立的实验和把科学作为一个整体纳入方便而有用的形式，提供了唯一可能的途径。

作为一位出色的实验家，奥斯特瓦尔德的主要成果都是通过实验完成的，例如在化学亲和力、催化、颜色研究中就是如此。但是，他并没有在此止步，他认为整理和概括形成现代科学知识有价值的、有成效的部分，它标志着一门科学达到较为成熟的阶段。如果说他在物理化学中的某些具体课题上所做的工作稍逊于阿累尼乌斯和范托夫的话，那么他在这门科学的总体建设上的贡献则是他的两位同行所不能比拟的，这就是系统的整理和深入的概括，从而使他成为这一新学科的集大成者。这一切，显然与他具有足够的整理、概括和表达能力有关。要知道，第二项任务不仅仅使一门科学条理化和系统化，而且也为进一步的探索和研究提供了可靠的基础。奥斯特瓦尔德本人是深知这一点的。

第四，注意倾听突如其来的灵感。

奥斯特瓦尔德通过自己的经历深知，坚忍的、持续的劳动能够创造奇迹,甚至在情况看来似乎毫无希望之时也是如此。但是,作为一位浪漫型的科学家和具有很高造诣的艺术家,他也十分注意倾听突如其来的灵感。

阅读汤姆森(J. Thomsen,1826~1902)的热化学论文,使他茅塞顿开:除了热学方法之外,不是还可以用其他物理学方法研究化学亲合力吗? 从费希纳(G. T. Fechner,1801~1887)和兰贝特(J. H. Lambert,1728~1777)的著作中,他获得了对颜色学进行定量研究的灵感和启示。与其他大科学家(例如彭加勒)的体验一样,这种灵感产生的典型条件是:对问题已专心致志地进行了一段时间的研究,渴求找到解决的办法;暂时放下工作去干其他事情,常常是睡眠、休息、散步或其他轻松的事情;突然,一种想法闪现在脑海,眼前豁然开朗,人们为顿悟到久久追寻的想法而感到狂喜和惊奇。这种灵感的降临是突如其来的,经历过这种体验的人这样写道:"一个想法仿佛从天而降,来到脑中,其清晰明确犹如有一个声音在大声喊叫。""像闪电一样,谜一下子解开了。"

奥斯特瓦尔德在《自传》中用充满文学色彩的语言,生动地描绘了他在顿悟到能量是描述世界秩序的完整概念的情景。在一次彻夜长谈后,他早早就到动物园散步。他沐浴在初夏和煦的阳光里,眼看着飞蝶在花丛间漫舞,耳听着小鸟在枝头上鸣叫。这时,他精神洋溢,整个身心充满了生命的活力。就在这金色的一瞬间,一道"天才的闪光"掠过他的脑际,"圣灵确实下凡了"。

灵感是砍断哥尔提阿斯死结的利剑,伟大的科学家都十分注意倾听突如其来的灵感。

第五,历史作为方法和工具有极其重要的价值。

奥斯特瓦尔德也是一位科学史家，他曾撰写和编辑了不少科学史著作。即使在他的专业著作中，或者穿插有学科或概念发展的历史概述，或者干脆就采用历史-批判的形式撰写。对于奥斯特瓦尔德来说，历史方法不仅仅是一种叙述方法，更值得注意的是，它是一种研究方法。难怪他多次强调历史的意义："我持续致力于清楚地阐述科学的几个领域的历史发展，因此我希望把我的作用贡献给复活科学家的历史感。"在奥斯特瓦尔德看来，历史作为一种方法和工具有极其重要的价值。

历史方法之所以能够作为一种卓有成效的科学方法，其原因大致有以下几个方面。首先，研究和了解科学史可以避免把科学发展中所积存起来的原理和概念变成有偏见的法定体系，从而避免思想僵化和墨守成规。因为科学史告诉我们，一切科学理论都不是一成不变的绝对真理或终极真理。其次，科学史是从事科学研究的第一个向导。通过揭示历史上大量存在的传统性的和偶然性的东西，不但能使人们加深对现今科学的理解，而且也能使我们看到科学发展的新的可能性。就是历史上的探索者所放弃的短暂思想乃至显然错误的观念，也可能具有借鉴意义。从各种观点的比较和剖析中，我们便能以更自由的眼光观察问题，从而找到尚未被认识的前进道路。因此，要了解科学的未来，最好的办法是研究它的历史和现状。科学史对于确定科研方向和选择科研课题显然是大有裨益的。再次，科学的启发只有一种方法——学习历史。科学史对启发洞察力特别重要。从科学观念的历史发展中，从科学家个人的研究经历中，从科学共同体解决某一课题的过程中，都能给人们以有益的启示，甚至能产生未曾料到的灵感。最后，科学史能使人们学会经济地、系统地解决难题的途径和方法。借鉴前人的经验教训,借助历史学习和认识难题,并从理论观点上冷静地思考难题,这样难题就易于解决。

科学中的新发现和新发明本质上都是革命性的,但它们又根植于传统。科学家的研究不过是以传统为基础的不断增长的知识整体的一部分,他必须在革新与传统之间保持必要的张力。只有扩展以前获得的知识,才能建立新的知识。他不可能摆脱以往的科学传统,正如他不能摆脱他所讲的语言和他所处的文化背景一样。正是在这种意义上,奥古斯特·孔德说:"科学史就是科学本身。"

不仅奥斯特瓦尔德,大凡名副其实的科学开拓者和科学发明家,尤其是科学思想家或哲人科学家,诸如马赫、彭加勒、爱因斯坦等人,都十分注重科学的历史研究和历史分析,这也是他们能够做出划时代的科学发明并在人类思想史上占有一席之地的奥秘所在。

第六,能较好地在对立的两极保持必要的张力。

奥斯特瓦尔德既重视实验和事实,又注意整理和概括,并认为立足于实验的清晰思维是取得成果的最好途径。他持之以恒地坚持做连续性的实验和缜密的思考,又十分注意倾听突如其来的灵感。他本人富有创造性和进取精神,又乐于和善于吸收、整理和传播他人的新思想。他把历史工作和艺术爱好从属于他的科学工作,可是当他把科学建立在历史和艺术的基础之上时,他却取得了最大的成功。这种在对立的两极保持必要的张力和特点,尤其体现在他对现象论方法和假设的运用及看法上。

在热力学、物理化学和能量学的研究中，奥斯特瓦尔德主要运用的是现象论的科学方法。所谓现象论，是指用直接可测量的诸量的函数关系来描述各种现象，并以此作为物理学的目标。而反现象论则认为，应该用“超越于现象”的假设来说明自然现象。作为一位现象论者，他指出科学的任务在于把作为实在的事物，即能够看到的事物、能够测量的事物的诸量相互联系起来。如果给出其中之一，那就要能够推导出他者。这种任务并不是把假设的图像作为范例而起作用的，而仅仅是作为可能测量的诸量的相互依存性的证明而起作用的。为了立足于这种观点说明研究方法，他主张自然内部像一个黑箱，如果使箱中两根棒中的一根移动，就能够观察到另一根的移动，那么在这种情况下，臆测在密闭箱内结合两根棒的无数可能结构是无用的。

像马赫一样，奥斯特瓦尔德反对那种无法用实验证明的、任意假定的假设，尤其是形而上学的本体论假设。但是，从方法论上讲，他并不排斥有启发意义的假设，即作为暂定假定的原始命题。事实上，他本人在研究工作中也很注意进行理论概括，这种概括本身就含有假设成分。一些人劝告他不要概括得太快了，他没有留意这个劝告。

现象论方法使奥斯特瓦尔德获得了许多重要成果，但这也是导致他反对原子假设的原因之一。因为按照现象论的观点，把不可观察的原子设想处于现象背后，是无用的、无益的。而且，现象论把科学的目的局限于现象及其关系的描述，也有很大的局限性。因此，过于偏重现象论，乃至把现象论作为唯一的方法论原则，肯定是有害的。但是对于主要从事实验研究的奥斯特瓦尔德，并考虑到他所研究的课题的性质，他偏向于现象论一极却是合理的，也许是一种幸事，否则他恐怕不可能取得那么多成果。当然，对于理论科学家（例如理论物理学家或理论化学家）来说，偏爱现象论方法肯定是不够的。关于在对立的两极保持必要的张力的方法论意义，我在另一篇论文（李醒民：善于在对立的两极保持必要的张力——一种卓有成效的科学认识论和科学方法论准则，北京：《中国社会科学》，1986 年第 4 期）中已做出详尽阐述，此处不拟赘述。

主要参考文献

[1] W. Ostwald 著：《オストワルデ自伝》，都築洋次郎訳，東京図書株式会社，1979 年第 2 刷。

[2] W. Ostwald：《エネルギー》，山県春次訳，岩波書店，昭和十二年。

[3] 高村泰雄他編：《近代科学の源流・物理学篇 Ⅲ》，北海道図書刊行会，1977 年。

[4] 広重徹：《近代物理学史》，地人書館，昭和三十五年。

[5] 本多修郎：《现代物理学者の生と哲学》，未來社，1981 年。

[6] 杉山滋郎：19 世紀末の原子論論争と力學的自然観・舊説的再検討をかねて(2)，《科學史研究》，16(1977)，199～206.

[7] 田中実：Wilhelm Ostwald における原子仮設，《科学史研究》，№82 (1967)49～56.

[8] E. N. Hielbert，Ostwald，Friedrich Wilhelm，参见 C. C. Gillispie ed.，*Dictionary of Scientific Biography*.

[9] W. D. Bancroft，Wilhelm Ostwald：The Great Protagonist，*Journal of Chemical Education*，10(1933)，539～542，609～613.

[10] F. G. Donnan，Ostwald Memorical Lecture，*Journal the Chemical Society*，1933，pp. 316～332.

[11] W. Ostwald，Faraday Lecture，*Journal of Chemistry*，85(1904)，506～522.

[12] W. Ostwald, *The Principles of Inorganic Chemistry*, Macmillan And Co., 1902.

[13] W. Ostwald, *The Fundamental Principles of Chemistry*, Longmans, Green And C., 1917.

[14] W. Ostwald, How One Become a Chemist, *Journal of Chemical Education*, 30(1953), 606～608.

[15] E. Farber, *Nobel Priye Winners in Chemistry 1901～1961*, Abelard-Schuman, 1963.

[16] E. Farber, *Great Chemists*, Interscience Publishers, New York, London, 1961.

[17] E. Farber, A Study in Scientific Genius, *Journal of Chemical Education*, 30(1953), 600～604.

[18] E. Brauer, How I Came to Know Wilhelm Ostwald, *Journal of Chemical Education*, 30(1953),604～605.

[19] F. E. Wall, Wilhelm Ostwald, A Study in Mental Metomorphosis, *Journal of Chemical Education*, 25(1948), 2～10.

[20] Mary Jo Nye, *Molecular Reality: A Perspective on the Scientific Work of Jean Perrin*, London, 1972.

[21] N. R. Holt, A Note on Wilhelm Ostwald's Energism, *ISIS*, 61(1970), 386～389.

[22] Milic Capek, Ostwald, Wilhelm, 参见 *The Encyclopedia of philosophy*, Volume 6, New York, London, 1967.

[23] 李醒民:《理性的光华——哲人科学家奥斯特瓦尔德》,福州:福建教育出版社,1994年第1版,1996年第2次印刷,viii+185页。台北:业强出版社,1996年第1版,154页。

[24] 李醒民:奥斯特瓦尔德——伟大的凡人,平凡的伟人,《科学巨星》丛书4,西安:陕西人民教育出版社,1995年第1版,第1～42页。

索　引

（以下数字为原书页码，本书边码）

图书在版编目(CIP)数据

自然哲学概论/(德)奥斯特瓦尔德(Ostwald,F. W.)著;李醒民译. —北京:商务印书馆,2012(2019.10 重印)
(汉译世界学术名著丛书)
ISBN 978-7-100-09168-8

Ⅰ. ①自… Ⅱ. ①奥… ②李… Ⅲ. ①自然哲学—概论 Ⅳ. ①N02

中国版本图书馆 CIP 数据核字(2012)第 090771 号

汉译世界学术名著丛书
自然哲学概论
〔德〕F. W. 奥斯特瓦尔德 著
李醒民 译

商 务 印 书 馆 出 版
(北京王府井大街 36 号 邮政编码 100710)
商 务 印 书 馆 发 行
北京艺辉伊航图文有限公司印刷
ISBN 978-7-100-09168-8

2012 年 11 月第 1 版　　开本 850×1168 1/32
2019 年 10 月北京第 2 次印刷　　印张 7¾
定价:25.00 元